孝典

河北大学出版社

《中华国学·孝典》

编辑委员会

主编　贾瑞增

副主编　周长富　苏宗印　孙进柱　于　强

编辑　齐志明　赵云耕　王　信　杨西涛　李　新　冉白正　周玉生　王宏兵

美术编辑　谷中良　冉文纪　侯雅林　蒋凤霞　马忠田

书法编辑　刘　正　冉文纪　金永学　郝敬涛　杨　磊

监制　保定市文化产业协会

图书在版编目（CIP）数据

孝典 / 贾瑞增主编 . -- 保定 ：河北大学出版社，2018.4

ISBN 978-7-5666-1210-6

Ⅰ . ①孝… Ⅱ . ①贾… Ⅲ . ①孝－文化－中国－通俗读物 Ⅳ . ① B823.1-49

中国版本图书馆 CIP 数据核字 (2018) 第 054310 号

ZHONGHUA GUOXUE
XIAODIAN

出 版 人：耿金龙
封面题字：贾瑞增
责任编辑：王殊宁
装帧设计：赵　谦　王占梅
责任印制：靳云飞

地址：河北省保定市七一东路2666号　邮编：071000
电话：0312-507303　0312-073029
网址：www.hbdxcbs.com
邮箱：hbdxcbs818@163.com

印　　刷：保定市正大印刷有限公司
开　　本：185mm × 260mm　1/16
字　　数：370千字
印　　张：26
版　　次：2018年4月第1版
　　　　　2018年4月第1次印刷
书　　号：ISBN 978-7-5666-1210-6
定　　价：160.00 元

总目

编辑说明 9
前言 11
凡例 21
目录 23
典论篇 29
践行篇 215

编辑说明

编辑说明

博大精深的中华国学是中国优秀的传统文化、传统伦理道德的宝库；不仅是中华民族生生不息自立于世界民族之林的文化血脉，也是世界文明的重要组成部分，对于今天弘扬社会主义核心价值观，实现中华民族伟大复兴仍然有着积极的现实作用。在东西方文明的激荡和交融中，随着中国梦的实现，国学价值必然磅礴于世界，成为人类文明的共同财富。国学典籍蕴含着先人的智慧及其对自然和社会的深刻领悟，对人生、对伦理的认识和感悟。但国学内容博大精深，且卷帙浩繁，不是一部书所能容纳的。为此，我们择取了部分颇具现实意义者，以分卷编辑的方式，按内容分类编辑为孝、廉、信、义四册，以飨读者。

前言

前言

党的十九大报告指出，要深入挖掘中华优秀传统文化蕴含的思想观念、人文精神、道德规范，结合时代要求继承创新，让中华文化展现出永久魅力和时代风采。这就要求我们对中华传统文化的本质意蕴、发展历程和未来价值有充分的认识，以增强文化自主、其命维新的能力。我们所编辑的《中华国学·孝典》正是站在中华优秀传统文化传承发展的文化自信基础上，从关注道德衰微的生活现实出发，引导世道人心，为适应当下社会大众重建『文化自信』和道德信仰，呼唤传统美德回归，实现文明秩序重塑的一部体现使命担当的敏时之作。

一、中华国学是德育之学

任何文化都是以文化人，以成文治教化。中国国学，或曰中华传统文化，是中国国家德育之学，也是国人修身之学，其主导倾向是道德主义，就是说中国国学的根本的宗旨和目的就是培育中华民族具备良好的道德品质，使中华传统美德成为我们民族的道德追求和道德情操，人人皆为尧舜。孔子云：『诗三百，一言以蔽之：思无邪。』在孔子看来，以《诗》为教的终极目标在于使人归于『纯真』。其实儒家的经典莫不如此。《国语·楚语上》记载，楚大夫申叔时建议楚庄王教育太子要用《春秋》《世》《诗》《礼》《乐》《语》及故志、训典，而且说：『教之《春秋》，而为之耸善而抑恶焉，以戒劝其心；教之《世》，而为之昭明德而废幽昏焉，而休惧其动；教之《诗》，而为之导广显德，以耀明其志；教之礼，使知上下之则；教之乐，以疏其秽而镇其浮；

教之令，使访物官；教之语，使明其德，而知先王之务，用明德于民也；教之故志，使知废兴者而戒惧焉；教之训典，使知族类，行比义焉。』正如朱熹所言，圣人之学都是教人『穷理正心修己治人之道』，『莫不与之以仁义礼智信之性矣』。从五帝之『明德』『敷五教』，文武之『尚德』，孔子之『贵仁』，孟子之『道性善』，宋明理学之体认天理、秉致良知，都是意在激发和唤醒人们对自身固有良心善性或道德天赋的自觉自信，所以说文化自信在一定意义上也是道德自信。

中华国学『尚德、明德、教德』，不仅是道德上的自我完善，更是一种施政理念，是为了更好地执政。在儒家看来，执政者的道德修养决定着整个社会的治乱兴衰，『修身，齐家，治国，平天下』是执政者的不二法门，因为政治与道德紧密相连。梁启超根据儒家的政治主张，就有过『政治即道德，道德即政治』的论断。《尚书·梓材》《尚书·君奭》《诗经·大雅·皇矣》等许多文献都反复论证圣王有明德，克配天命，天命才归之，继任者只有『嗣前人，恭明德』才能永保天命的道理。可见，中国国学是『道德政治』的襁褓，是中国传统美德的载体，而中国传统美德则是中华传统文化的精髓和旨归。正是在这个意义上，习近平同志把中华传统文化的核心价值概括为『讲仁爱，重民本，守诚信，崇正义，尚和合，求大同』。

众所周知，我们的改革开放，没有现成的经验所循，是在摸索中前进的，也受到过『左』和右的干扰。所谓『淡化意识形态』来学习资本主义的先进技术和管理经验；在不要问姓社姓资的情况下与『国际接轨』；在批判『僵化体制』中企图否定政府的作用来推行市场经济制度；有的甚至认为党的领导『管多了管宽了』，企图削弱党的集中统一领导，从根本上否定共产党的领导是中国特色社会主义制度的本质特征。我国经济社会的深刻变革，不仅经济成分多元化了，而且意识形态多维化了，价值判断标准亦多边化了，社会的主流价值观念在一定程度上出现了迷失。社会在转轨中问题丛生，人们在逐利中浮躁暴戾，道德危机日趋严重，礼仪修养愈益放失。甚至我们党的一些干部背党叛国，贪污腐化，无所不为，利用手中的权力践踏党纪国法，为自己疯狂地聚敛财富，极大地败坏了党的形象和党群关系，助长了党内政府内的奢靡之风的弥散。党的十八大以来，以习近平同志为核心的党中央坚持问题导向，全面从严治党，要求全党牢固树立『政治意识、大局意识、核心意识、看齐意识』，大力反腐，从思想上、政治上、作风上、制度上全面加强党的建设，深得党心民心。几十年的实践说明，在丧失文化自信情况下的『转变观念』是危险的，是十分有害的。必须坚定政治道德相统一的基本原则，坚持以德治国，以德化人。国无德不兴，人无德不立，党无德不胜。《左传·成公二年》云：『明德，务崇之之谓也。』毛泽东同志从中国的国情出发，高瞻远瞩，对中国国学进行了马克思主义的改造，把中华传统美德概括为党的三大优良作风，并且指出党的三大优良作风是党的生命，是党修身明德发展壮大的生命线。这是毛泽东同志对中国国学创新式传承和超越性升华的又一光辉范例。

这里需要指出的是，中华传统道德几乎都是在奴隶社会、封建社会由统治阶级的思想家们提出来的，从根本上来说都是为了维护统治阶级的利益的，今天我们为什么还要提倡呢？恩格斯在《德意志意识形态》中曾经指出，即使在阶级对立的社会中，各阶级之间，既有对立的利益，也有共同的利益，『这种共同的利益不是仅仅作为一种「普遍的东西」存在于观念之中，而且首先是作为彼此分工的个人之间的相互依存关系存在于现实之中』。在中国，古代的儒家学派就利用这种共同利益来提出维护社会稳定的道德命题和道德规范，如孔子的『因民之所利而利之』，孟子的『省刑罚，薄税敛』。扩大这些共同利益，客观上对人民是有利的，对发展生产是有利的，对缓和阶级矛盾和阶级对立、改良社会制度是有积极作用的。因此我们说，中华传统美德属于作为社会生活中的人必须共同遵守的道德，即为列宁所说的人类在千百年来所形成的公共生活准则。这种『公共生活准则』，就是我们今天应当批判继承中华传统道德的理论依据。

二、孝是中国传统美德的源头和根基

孝是中国传统美德，它产生于原始社会末期。《孟子·告子》云：『尧舜之道，孝悌而已矣。』甲骨文、金文中都有『孝』字。在春秋战国时期，由于儒家的提倡，以孝伦理为中心的中华传统美德体系基本形成。《孝经》开篇就云：『夫孝，德之本也，教之所由生也。』孝始于事亲，推之于事君则为忠，推之于待世则为仁，推之于处友则为义，推之于社交则为诚，推之于任公则为廉，推之于务国则为爱国，故谓孝乃德之本也，道之首也。而且历经数千年岁月的生聚教训，已经规范为中国人的文明习性。在中国人的心目中，人之所以为人，孝是立身之本，是家庭和睦之本，是国家安康之本，也是人类延续之本。孝是中华传统美德诸德目的源头和根基，是中华民族的精神DNA。自古以来孝就是国家和家庭教育的主要内容，『教』字从『孝』从『文』，这个『文』的古写为手持教鞭之形，所以『教』的本义为手持教鞭教育童稚少年行孝。也正是因为如此，我们编辑诠释中华传统道德之书才把《孝典》作为首卷。

当前，我们弘扬孝德有着很重要的现实意义。

一是孝观念在几千年的传承赓续当中，不可避免地会掺杂一些糟粕，当社会激烈动荡的时候，往往容易被新的社会思潮所诟病，并且攻击一点进而一概否定。二十世纪初爆发的新文化运动中，打出了反对封建道德礼教大旗，而孝道首当其冲。吴虞发表了《说孝》《家族制度为专制制度之根据论》等文章，文章说：『盖孝之范围，无所不包，家族制度与专制政治遂胶固而不可分析。』封建统治者之所以不遗余力教孝，『就是教一般人恭恭敬敬的听他们一于在上的人愚弄，不要犯上作乱，把中国弄成一个「制造顺民的大工厂」。孝字的大作用，便是如此』。胡适则为其擂鼓助威，称颂吴虞为『中国思想界的一个清道夫』。鲁迅也以其犀利的文笔，批判封建礼教和制度『吃人』的本性，说『孝』是『私人财产的产物』，等等。在新文化运动的猛烈冲击下，传统孝道日渐式微。中国共产党成立初期曾对传统文化和旧道德采取简单否定的态度，把中国传统文化比作一堆『粪秽』，对旧道德要彻底打倒。从毛泽东同志开始，强调要继承『从孔子到孙中山』的『这一份珍贵遗产』。1944 年 3 月，毛泽东同志在中共中央宣传委员会召开的会议上说：『我们还要提倡父慈子孝，……我们主张家庭和睦，父慈子孝，兄爱弟敬，双方互相靠拢，和和气气过光景。』这表明我们党对传统孝道的现实意义有了客观的认识。

改革开放以来，思想的解放带来了巨大的变化。但同时西方文化及其价值观蜂拥而入，在一个时期内又出现了全盘西化的极右思潮，在一些人看来，现代化就是西方化，而西方化就必须全面、配套、彻底地引入西方的政治制度和价值观，这就是所谓的『整体西化论』。中华民族固有的『慎终追远』『敬祖报本』的观念、温良恭俭让的传统美德，被西方金钱至上的『普世价值』所击垮。『整体西化论』者很清楚，中华优秀传统道德，在经过以马克思主义为指导的批判继承之后，同样是抵御西方价值观的重要力量，因而把反对中华传统文化和否定中华传统道德，作为它们宣扬资产阶级个人主义道德观的一个重要内容，导致了一些人拜金主义严重，亲情淡漠，孝道观中断，对家庭缺乏应有的责任感，对社会缺乏必要的义务感，对国家和民族缺乏基本的热爱感。因此，愈是深化改革开放，愈是要坚持文化自信，弘布阐扬『孝』的感召力和说服力。

二是目前我国人口老龄化日益突出，已经成为社会一个不可忽视的问题。截至 2016 年年底，我国的老年人已逾 2.3 亿人，占总人口的 16.7%，据有关资料预测，到 2025 年，我国老年人口将突破 3 亿人，约占总人口的 20% 以上，80 岁以上的老年人数也将达到 3000 万以上。我国面临着老年人口基数大、来势猛的人口老龄化问题的巨大压力，如何安排亿万老年人的养老问题，将是我国 21 世纪前期的重大战略任务。在当前情况下，传统孝道应该是解决家庭和社会养老的重要手段。

三是前面我们谈到道德与政治紧密相连，自古以来孝就是政治道德的重要内容，『孝治天下』是儒家治国伦理的基本政治特色。所谓『孝治天下』，强调皇帝是天子，天的儿子，当皇帝做天子，是『受命于天』，是『天赋人权』，因此天子必须对天尽孝。而天是『惟德是辅』，『天视自我民视，天听自我民听』。所以天子孝敬天，首先就必须遵从民意，就必须修身明德，对人民实行德治。这是儒家借助高深莫测的『天』来推行自己的德治主张，从而使自己的主张具备了天然合理性。其次，施政要敬老养老，天子要做孝悌的楷模。关于这方面，《礼记·祭义》《礼记·王制》《礼记·大学》等都有比较详细的记载。再次，任官要『举孝廉』，察举『孝悌力田』的人为官，选官于孝悌之门，保证官吏勤政爱民。儒家这些『以孝治天下』的思想，在人治制度下具有积极的、人民性的进步意义，体现了道德与政治比较完美的结合，在今天仍然值得我们借鉴。党的十八大以来，那些被查处的党政军官员，从周永康、薄熙来、孙政才、令计划到郭伯雄、徐才厚等，『世之为欺者不寡矣』！一个个道貌岸然的『庙堂之器』，哪一个不是寡廉鲜耻、贪得无厌、人面兽心、背国叛党之徒！哪有一丝一毫的为人之德、官德和公德？这些触目惊心的党内腐败的问题，难道还不足以使我们认识在思想上道德上加强党的建设的紧迫性吗？还不足以使我们感到弘扬孝道的现实必要性吗？

三、关于编辑《中华国学·孝典》的体例说明

传统道德体系源远流长，博大精深，文献典籍浩繁，涵盖社会各个方面。编辑诠释中国传统道德这样一部书，需要如柳宗元《梓人传》所说，必须『视栋宇之制，高深圆方短长之宜』，『善度材，知体要，会众工』。也就

是说，科学制定编辑体例是成书所必需。

（一）中华传统道德体系萌生于五帝时期，《尚书·舜典》记载『敬敷五教』，『五教』即『父义、母慈、兄友、弟恭、子孝』；进入奴隶社会，有『夏尚忠，殷尚敬，周尚文』之说，周礼尚文，倡六德：『知、仁、圣、义、忠、和』；《礼记·礼运》提出『十义』：『父慈、子孝、兄良、弟悌、夫义、妇贞、长惠、幼顺、君仁、臣忠』；孔子强调以『仁』为核心的多层次的道德规范，主张建立『君君，臣臣，父父，子子』的等级关系；墨子主张『兼爱、非攻』，同时提倡『忠、信、孝、慈、节』；孟子继承孔子的思想，提出『父子有亲，君臣有义，夫妻有别，长幼有序，朋友有信』；道家反对繁文缛节，主张『法自然，处无为』，同时也强调仁义为『立人之道，』阐发做人应当孝慈、诚信、智慧、谦虚等哲理；法家贵『法、势、术』，但也主张『效公忠，行仁义』；董仲舒概括封建道德为『三纲五常』。汉代以后『三纲五常』不断得到强化，朱熹说：『三纲五常，天理民彝之大节，而治道之本根也』；明清则更突出『忠孝节义』；孙中山强调要发扬中华民族的『忠、孝、仁、爱、信、义、和、平』。中华传统道德体系形成和发展的历史说明，传统道德德目是根据不同历史时期的现实需要而确定的，最能体现中华传统文化之根本价值的核心德目，一般规范为『忠、孝、诚、信、礼、义、廉、耻』八德。这八德，既有实用性，应时性，又有哲理性和稳定性；从规范的内容来说，既有确定性、一义性，同时又具有相对性和多义性，例如班固《白虎通·性情·论五性六情》云：『信者，诚也，专一不移也。』张载云：『诚故信，无私故威。』（《张载集·正蒙·天道》）显然，『信』和『诚』就可以互释。同时我们认为，作为一部诠释传统道德的面向社会大众的通俗读物，不宜过份繁奥。因此我们拟编写《孝典》《廉典》《信典》《义典》，这样既能把中华传统道德之脉，又能撮其要，繁简适当。

（二）每一《典》由『典论篇』『践行篇』两部分构成，使该书既具有经典性、哲理性，又有故事性、生动性。

1 《孝典·典论篇》从历史文献中辑出100条论述『孝』的原文，均注明出处。夫孝，古人论之详矣审矣，所辑百条，撷撮精华，孝之大要具矣，斯所谓经，斯所谓典，即此已足观澜。

2 考虑到孝道在漫长的形成和发展过程中的增益扩充，各有其时代之影响，我们所辑条目偏重先秦典籍，以保持『孝』这一德目的原初赋义和国学本貌。

3 在选辑时，我们充分注意到法古和遵时的关系，秉持国学转化创新、批判继承之态度，顺应时势，找出当今传承传统道德用力之所在。

4 对所辑各条目，按『亲亲—仁民—爱物』的思路，从该德目的重要性、本义、广义和衍生义依次分类排列。

5 对所辑各条不译成今文，只对其中的个别生僻字作注音简释，不悱不发。

6 对所辑各条目附有我市书法名家的书法墨迹，以为读者提供多方面的文化艺术滋养。

为了讲好孝德故事，使自古至今孝行品质和精神重放光彩，以培育社会主义核心价值观，《孝典·践行篇》仿照宋元时期《画像二十四孝》的做法，编纂成画像古今百孝图。

1 画像古今百孝图，其中古代的孝行故事占70%，今现代的占30%，所选皆为可歌可泣之事迹，偏重于古代孝行故事，符合本书诠解中华传统道德之旨。

2 每例孝行画像要求文字在300字到350字之间，精炼，生动，含情。本篇所辑各例，所取资料完全根据史传记载，至于稗官野史盖未采取，藉示取法乎上之义。

3 本篇虽仿《画像二十四孝》，唯彼专重在图，而本篇则文图兼重，期于易晓，以作迷途津梁。

4 画像古今百孝图和《典论篇》一样，遵时取古，对于旧孝道中的极端化、愚昧化的所谓孝行一概不取。

5 画像古今百孝各图系请我市国画名家绘成丹青珍品，与文字书法相映生辉，意在引起读者的兴趣，增其移风化俗之力。

这套丛书由贾瑞增同志任主编。贾瑞增同志曾任保定地委副书记、河北大学党委书记、保定市政协主席，社会科学研究员，学贯古今，著作等身，古人所谓『横行阔视于著述之场，扶导圣教，芒寒色正』。其著作贺敬之、戴舟、徐纯性、李文珊等为之击节叹赏，从游学者踵盈门墙，沾溉多矣。1990年5月12日，在人民大会堂举行的首届中国大众文学奖颁奖大会上，李瑞环、王震等讲话并授奖，贾瑞增同志作为获奖代表发言。作为长期浸淫于思想文化阵地上的老党员，十八大以来以八秩之年砥砺蹈厉，吴钩在握，日夜孜孜。在习近平新时代中国特色社会主义思想的指导下，贾瑞增同志主编这部书可以收『顶层设计』之效。其他无论文字编辑还是美术、书法编辑都是具有高级职称的学者，均为学业有成、专业翘楚、名重一方之士。正是有这样的作者团队，这套书的学术底蕴、文化典韵就有了充分的保障，其结果是非常值得期待的。

编者

二〇一八年二月二十五日

凡例

凡例

一、编纂宗旨。为弘扬博大精深的中国优秀传统文化，发挥国学的现实作用，保定市文化产业协会组织编写《中华国学》系列丛书。本书是第一部，名称为《中华国学·孝典》。

二、编纂体例。本书分『典论篇』和『践行篇』两部分，彰显知与行相结合。『典论篇』是从国学典籍关于孝的理论中按照『孝』的本源性，『孝』的本意、含义、衍义选录出来，以便使读者了解和掌握『孝』的思想、精义和行为准则。『践行篇』精选中国古今100则孝悌人物故事，包括事亲尽孝和忠孝两全的人物故事，树立孝悌的典型，起到向上、向善的引导作用。

三、历史分期。『践行篇』中的100篇孝悌人物故事，按照中国历史分期，古代（自远古至1911年）77篇，现当代（1912年至今）23篇。跨时期的人物以其孝行事迹发生的时间界定。

四、文字。『践行篇』每则人物故事300—350字，无论古今人物均用白话文记述，力求既文词雅驯，又通俗易懂，适合各阶层读者阅读。

五、人物记述。『践行篇』所记述人物事迹以孝悌为核心，展现其具体的孝悌行动，不记述人物生平。

六、文章标题。『践行篇』中每一篇文章，均命以七字句标题，一般前为人名，后为人物事迹核心内容概括。

七、插图。『践行篇』每则人物故事均配一幅插图，采用中国传统绘画技法，形象展示故事核心内容。

八、书法。『典论篇』每条典论均配以相应内容的书法作品。

目录

典论篇

1 孝是中华传统道德体系的源头和基础——30
2 孝的本义——68
3 孝亲要从多方面努力——126
4 于家尽孝，于国尽忠——140
5 尽孝尽忠应谏则谏，不盲从——154
6 孝中的绿色观念——186
7 孝的广义为仁——190
8 孝在社会教化中的积极作用——204
9 明代《王中书劝孝歌》——212

践行篇

1 唐尧思母望都山 216
2 大舜帝孝感动天 218
3 大禹治水承父志 220
4 伯夷尊父让叔齐 222
5 郑庄公掘地见母 224
6 介子推割股奉君 226
7 老莱子戏彩娱亲 228
8 郯子鹿乳奉双亲 230
9 仲由负米孝父母 232
10 曾子舆啮指痛心 234
11 闵子骞芦衣顺母 236
12 鲁班娱亲造木鸟 238
13 乐正子伤足念亲 240
14 高柴执丧三年哀 242
15 汉文帝亲尝汤药 244
16 汉缇萦上书救父 246
17 蔡顺拾葚孝母亲 248
18 毛义捧檄不为官 250
19 廉范扶榇荡危舟 252
20 薛包洒扫回亲心 254
21 竺弥雷震伏墓哭 256
22 金日磾甘泉泣画 258
23 黄香扇枕温衾席 260
24 江革行佣供母亲 262
25 茅容供鸡宾起拜 264
26 董永卖身葬亡父 266
27 陆公纪怀橘遗亲 268
28 孟恭武哭竹生笋 270
29 王修哭母里罢社 272
30 王伟元闻雷泣墓 274
31 潘岳灌园养慈母 276
32 王祥卧冰求鲤鱼 278

33 陶侃庐墓感鹤仙 280
34 赵至泣耕伤父劳 282
35 杨香扼虎救父亲 284
36 顾恺之为母画像 286
37 何叔度推爱姨母 288
38 朱百年痛母断绵 290
39 花木兰代父从军 292
40 庾子舆孝感退水 294
41 吉翂叩阙免父罪 296
42 狄仁杰心随云飞 298
43 孙思邈医治双亲 300
44 杨乙行乞养双亲 302
45 崔山南乳姑不怠 304
46 卢氏护姑冒白刃 306
47 黄庭坚涤亲溺器 308
48 朱寿昌弃官寻母 310
49 寇莱公思亲罢宴 312
50 范仲淹忧乐天下 314
51 包拯辞官孝父母 316
52 欧阳修阡表明志 318
53 韩琦定两朝国策 320
54 王安石《将母》道情 322
55 宗泽劝孝抗金兵 324
56 李纲忠孝为社稷 326
57 岳飞尽忠报国家 328
58 周雄纯孝嘉四朝 330
59 文天祥寻父应对 332
60 刘因清节垂千载 334
61 刘谨万里寻父亲 336
62 李德成暖冰思母 338
63 谢定柱击虎救母 340
64 吴璋全孝感后人 342
65 海瑞寿母清名扬 344
66 王阳明反躬论孝 346
67 赵仁行佣奉母像 348
68 夏完淳狱中寄母 350

69 戚继光牢记父训 352
70 徐霞客携母游历 354
71 孙奇逢倚庐六载 356
72 顾炎武与国俱亡 358
73 郑成功孝义忠贞 360
74 颜元孝亲重实行 362
75 李塨从父弘北学 364
76 方观承千里寻亲 366
77 马丕瑶百官楷模 368
78 三兄弟舁（yú）父观戏 370
79 冯玉祥买肉敬父 372
80 叶挺侍母尽孝心 374
81 佟麟阁移孝作忠 376
82 李叔同至孝至顺 378
83 冼星海思母寄曲 380
84 马本斋以忠尽孝 382
85 小方照片寄母亲 384
86 毛泽东深情祭母 386
87 周恩来孝感众人 388
88 朱德忆母感中华 390
89 李先念肉汤敬母 392
90 陈毅给娘洗尿裤 394
91 许世友五跪慈母 396
92 陶行知《慈母遗刀》 398
93 『石渠奖学金』由来 400
94 孟佩杰恪守孝道 402
95 谭秀菊善孝二老 404
96 韩瑜捐肾救父亲 406
97 陈斌强背母上班 408
98 谢延信恒爱尽孝 410
99 两兄弟的『感恩』车 412
100 洪战辉孝心感人 414

典论篇

夫孝，德之本也，教之所由生也。

——《孝经·开宗明义章第一》

孝經開宗明義章第一

夫孝德之本也

教之所由生也

文紀書之

夫孝，始于事亲，中于事君，终于立身。

——《孝经·开宗明义章第一》

孝經開宗明義章第一

夫孝始於事親中
於事君終於立身

文紀書

有子曰：『其为人也孝悌，而好犯上作乱者，鲜矣；不好犯上，而好作乱者，未之有也。君子务本，本立而道生。孝悌也者，其为仁之本欤！』

——《论语·学而》

有子曰其為人也孝悌而好犯上
作亂者鮮矣不好犯上而好作
亂者未之有也君子務本本立
而道生孝悌也者其為仁之
本歟

論語學而一首文和书

子曰：『夫孝，天之经也，地之义也，民之行也。』

——《孝经·三才章第七》

孝經三才章第七

子曰夫孝天之經也地之義也民之行也

文紀書

曾子曰：『甚哉，孝之大也！』

——《孝经·三才章第七》

孝經三才章第七

曾子曰甚哉

孝之大也

丁酉夏霞文紀書

曾子曰：『敢问圣人之德，无以加于孝乎？』

——《孝经·圣治章第九》

孝經聖治章第九

取不重人之德

豈以加於孝乎

丁酉冬月文紀書

子曰：『天地之性，人为贵。人之行，莫大于孝。』

——《孝经·圣治章第九》

孝經聖治章第九

天地之性人為貴

人之行莫大於孝

丁酉冬月文紀書

子曰：『夫圣人之德，又何以加于孝乎？』

——《孝经·圣治章第九》

孝經聖治章第九

夫聖人之德又何以加於孝乎

丁酉之冬月文純書

子曰：『孝悌之至，通于神明，光于四海，无所不通。』

——《孝经·感应章第十六》

孝經感應章第十六

孝悌之至通於神明光於四海無所不通

丁酉冬至文紀書

商书曰：『刑三百，罪莫重于不孝。』

——《吕氏春秋·孝行览》

呂氏春秋孝行覽

商書曰刑三百

罪莫重於不孝

丁酉冬月文紀書

夫孝，三皇五帝之本务，而万事之纪也。

夫执一术而百善至，百邪去，天下从者，其唯孝也。

——《吕氏春秋·孝行览》

呂氏春秋孝行覽

夫孝三皇五帝之本務而萬事之紀也夫執一術而百善至百邪去天下從者其唯孝也

丁酉之冬月文紀書

孝字正心心能正，孝字修身身能端，孝字齐家家能好，孝字治国国能安。

——苏轼《劝报亲恩篇》

蘇軾勸敬親恩篇

孝字正心心能正
孝字修身身能端
孝字齊家家能好
孝字治國國能安

丁酉冬月文紀書

大哉，孝之外无学，孝之外无道也！塞天地，横四海，亘古今，通圣凡，无有乎或外者也；彻精粗，兼体用，合内外，无有乎弗贯者也。

——魏源《魏源集·默觚上·学篇六》

大哉孝之外無學孝之外
無道也塞天地橫四海亘
古今通聖凡無有乎或外
者也物精粗兼體用合內
外無有乎弗貫者也

錄魏源集默觚上學篇六 劉正於方正書畫院

（黄帝）使九行之士以统万国。九行者，孝、慈、文、信、言、忠、恭、勇、义。

——王嘉《拾遗记·轩辕黄帝》

使九行之仕以統
萬國九行者孝慈
文信言忠恭勇義

王嘉拾遺記軒轅黃帝
劉正

孝，礼之始也。

——《左传·文公二年》

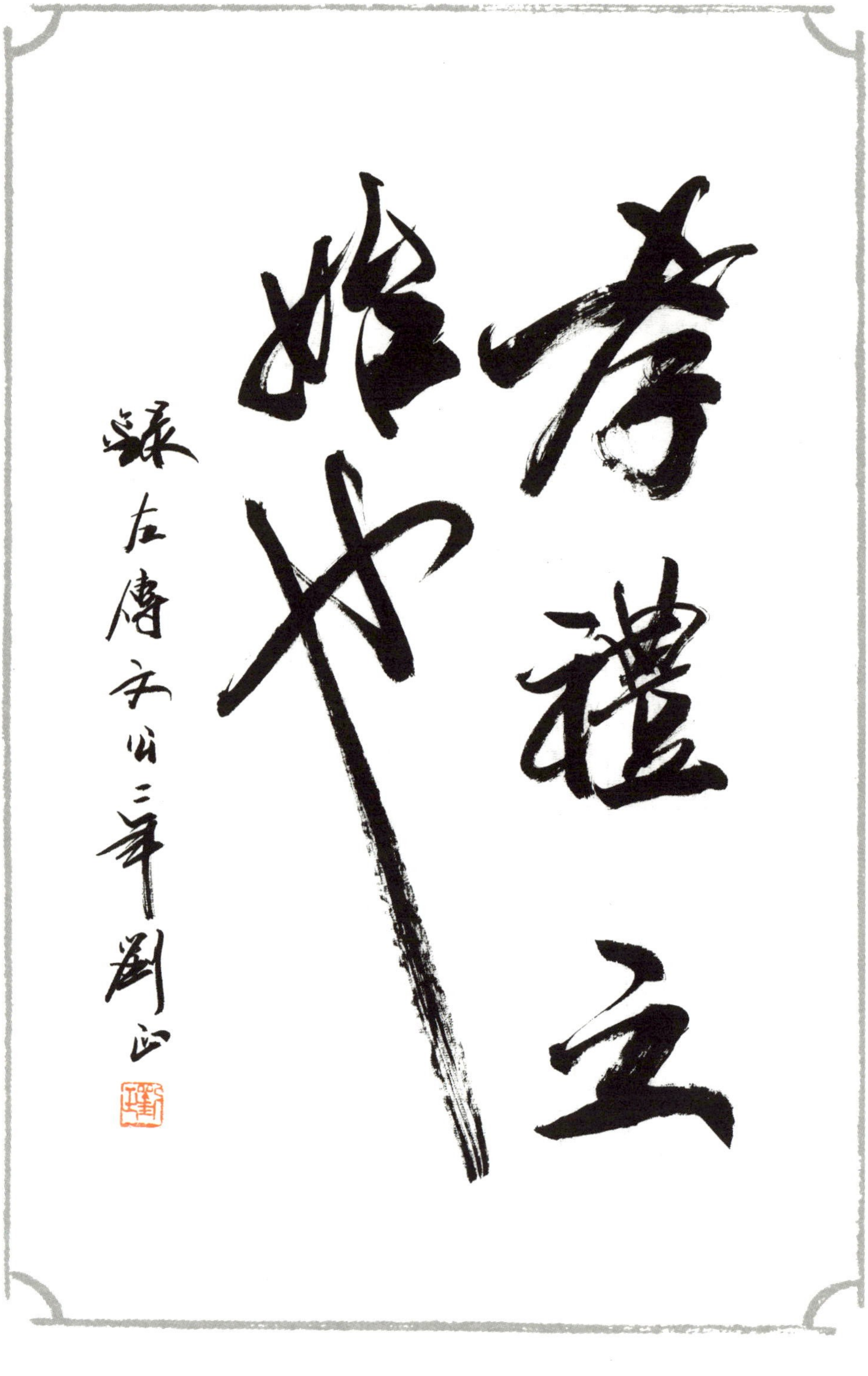
孝禮之
始也
錄左傳文公二年劉

夫敬，文之恭也；忠，文之实也；信，文之孚也；仁，文之爱也；义，文之制也；智，文之舆也；勇，文之帅也；教，文之施也；孝，文之本也；惠，文之慈也；让，文之材也。

——《国语·周语下》

夫敬文之恭也忠文之實
也信文之孚也仁文之愛
也義文之制也智文之輿
也勇文之帥也教文之施
也孝文之本也惠文之慈
也讓文之材也

国语周语下 劉江

教三行：一曰孝行，以亲父母；二曰友行，以尊贤良；三曰顺行，以事师长。

——《周礼·地官·师氏》

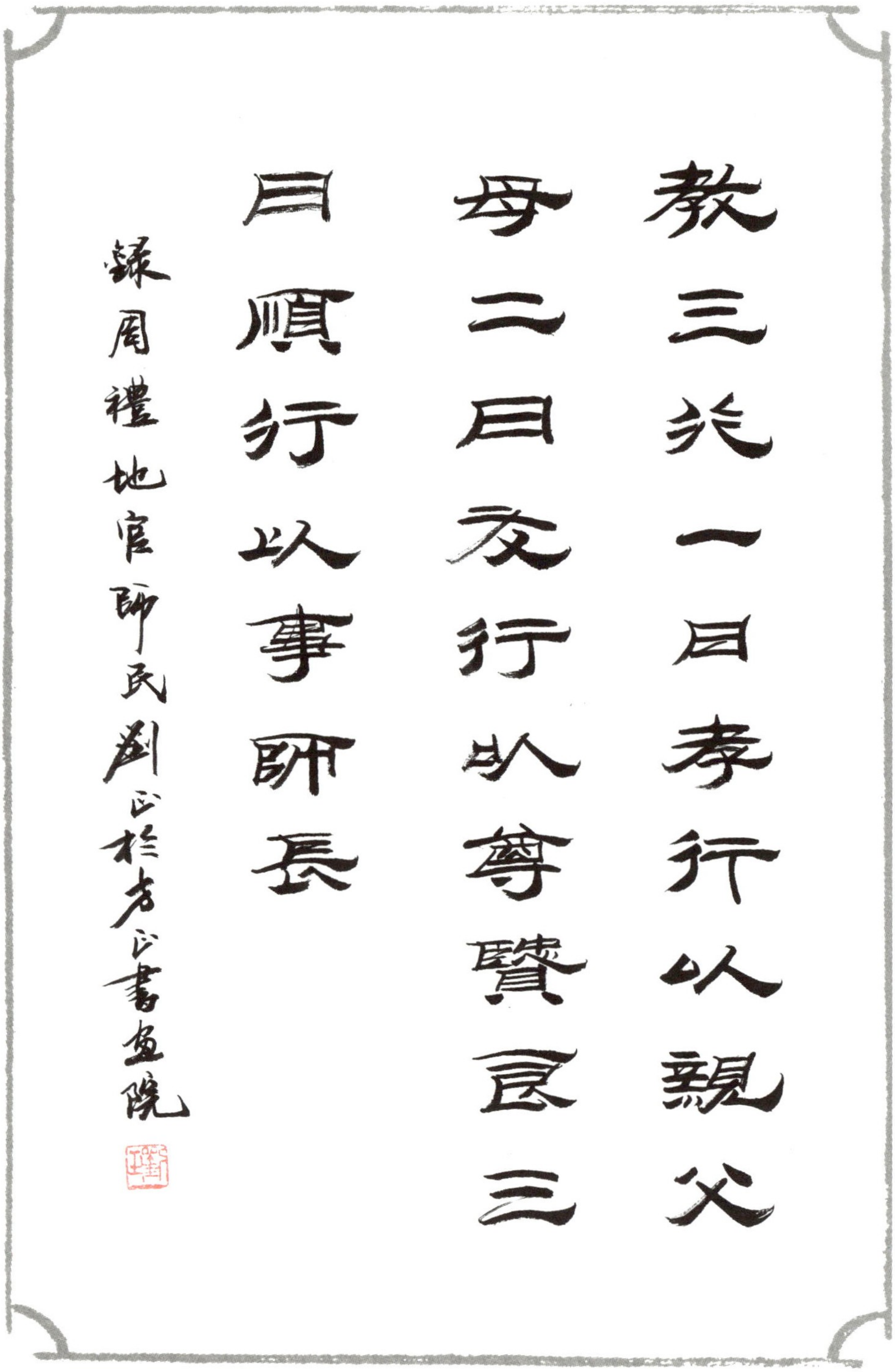
教三物一曰孝行以親父
母二曰友行以尊賢良三
曰順行以事師長
錄周禮地官師氏劉正杉方正書畫院

大道废，有仁义；智慧出，有大伪；六亲不和，有孝慈；国家昏乱，有忠臣。

——《老子·第十八》

大道废有仁义智慧出有大伪六亲不和有孝慈国家昏乱有忠臣

录老子第十八 刘正

孔子曰：『行身有六本，本立焉，然后为君子。立体有义矣，而孝为本。』

——刘向《说苑·建本》

孔子曰行身有六本本立焉然后為君子立體有義矣而孝為本

錄劉向說苑建本 劉正

善父母为孝。

——《尔雅·释训》

善父母為孝
爾雅釋訓
劉正

子爱利亲谓之孝。

——贾谊《新书·道术》

子愛利親謂之孝

賈誼新書道術

劉正

肇牵车牛远服贾，用孝养厥父母。

——《尚书·酒诰》

肇牽車牛遠服賈用
孝養厥父母

錄尚書酒誥 劉正

哀哀父母，生我劬（音渠，劳苦辛勤）劳。……

哀哀父母，生我劳瘁。……无父何怙（音户，依靠），无母何恃。出则衔恤，入则靡至。……

父兮生我，母兮鞠我。拊我畜我，长我育我。

顾我复我，出入腹我。欲报之德，昊天罔极。

——《诗经·小雅·蓼莪（音俄，草名）》

哀哀父母生我劬勞哀哀
父母生我勞瘁無父何怙
無母何恃出則銜恤入則
靡至父兮生我母兮鞠我
拊我畜我長我育我顧我
復我出入腹我欲報之德
昊天罔極

詩經小雅蓼莪 劉正

孟子曰：『事，孰为大？事亲为大。』

——《孟子·离娄上》

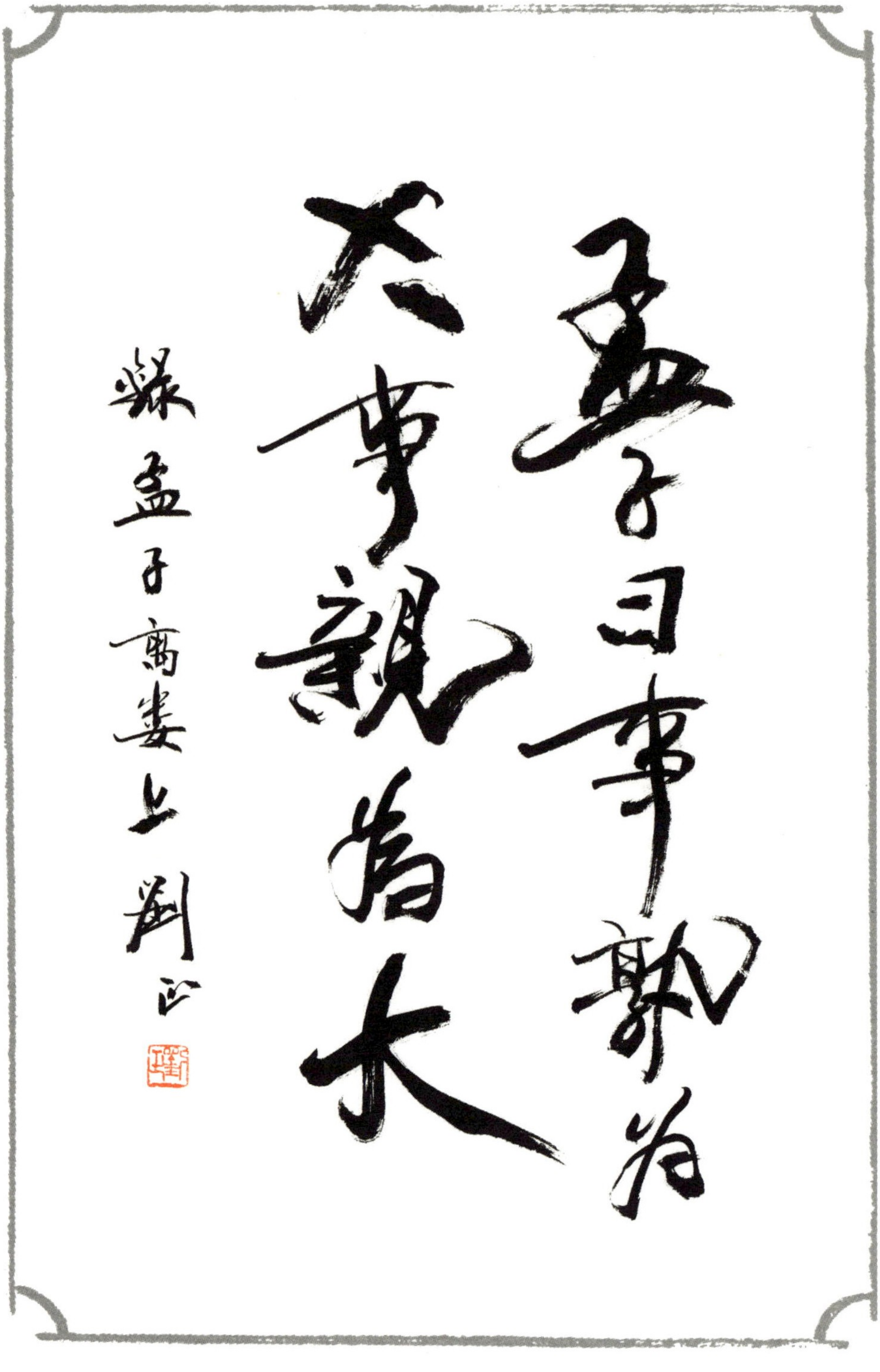
孟子曰事孰为大
事親為大
録孟子離婁上 劉正

孟子曰：『不得乎亲，不可以为人；不顺乎亲，不可以为子。』

——《孟子·离娄上》

孟子曰不得乎親不可以為人不順乎親不可以為子

錄孟子離婁上 劉正書

孟子曰：『世俗所谓不孝有五，惰其四支（同肢），不顾父母之养，一不孝也；博弈好饮酒，不顾父母之养，二不孝也；……好勇斗狠，以危父母，五不孝也。』

——《孟子·离娄上》

孟子曰世俗所謂不孝者五惰其四支不顧父母之養一不孝也博弈好飲酒不顧父母之養二不孝也好勇鬭很以危父母五不孝也

錄孟子離婁下 劉正書

和颜色，悦言语，敬进退，养志之道也。

——《吕氏春秋·孝行览》

和顏色悦言語
敬進退養志之
謂也
録呂氏春秋孝行覽
劉江

养则致其乐。

——《孝经·纪孝行章》

养则致其
乐
孝经纪孝行章

事父母，能竭其力。

——《论语·学而》

事父母能
竭其力
論語學而
劉正

悦亲有道，反身不诚，不悦于亲矣。

——《孟子·离娄上》

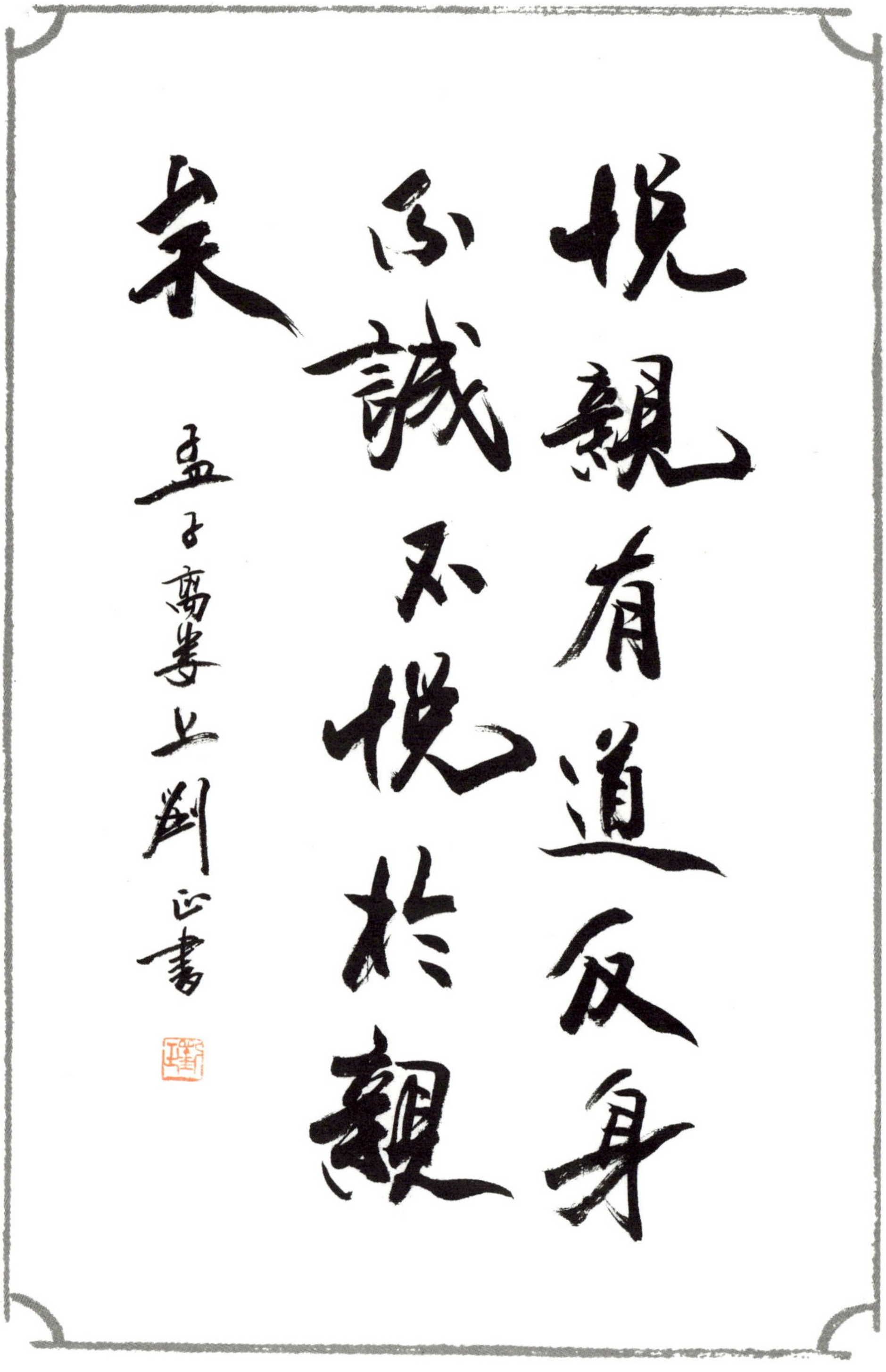
悦親有道反身
不誠不悦於親
矣
孟子離婁上 劉正書

孝子之有深爱者，必有和气；有和气者，必有愉色；有愉色者，必有婉容。

——《礼记·祭义》

禮記祭義

孝子之有深愛者必有和

氣有和氣者必有愉色有

愉色者必有婉容

劉正於孝正書畫院

孟武伯问孝。子曰：『父母唯其疾之忧。』

——《论语·为政》

孟武伯問孝子曰父母唯其疾之憂

論語為政 劉江

子游问孝。子曰：『今之孝者，是谓能养。至于犬马，皆能有养；不敬，何以别乎？』

——《论语·为政》

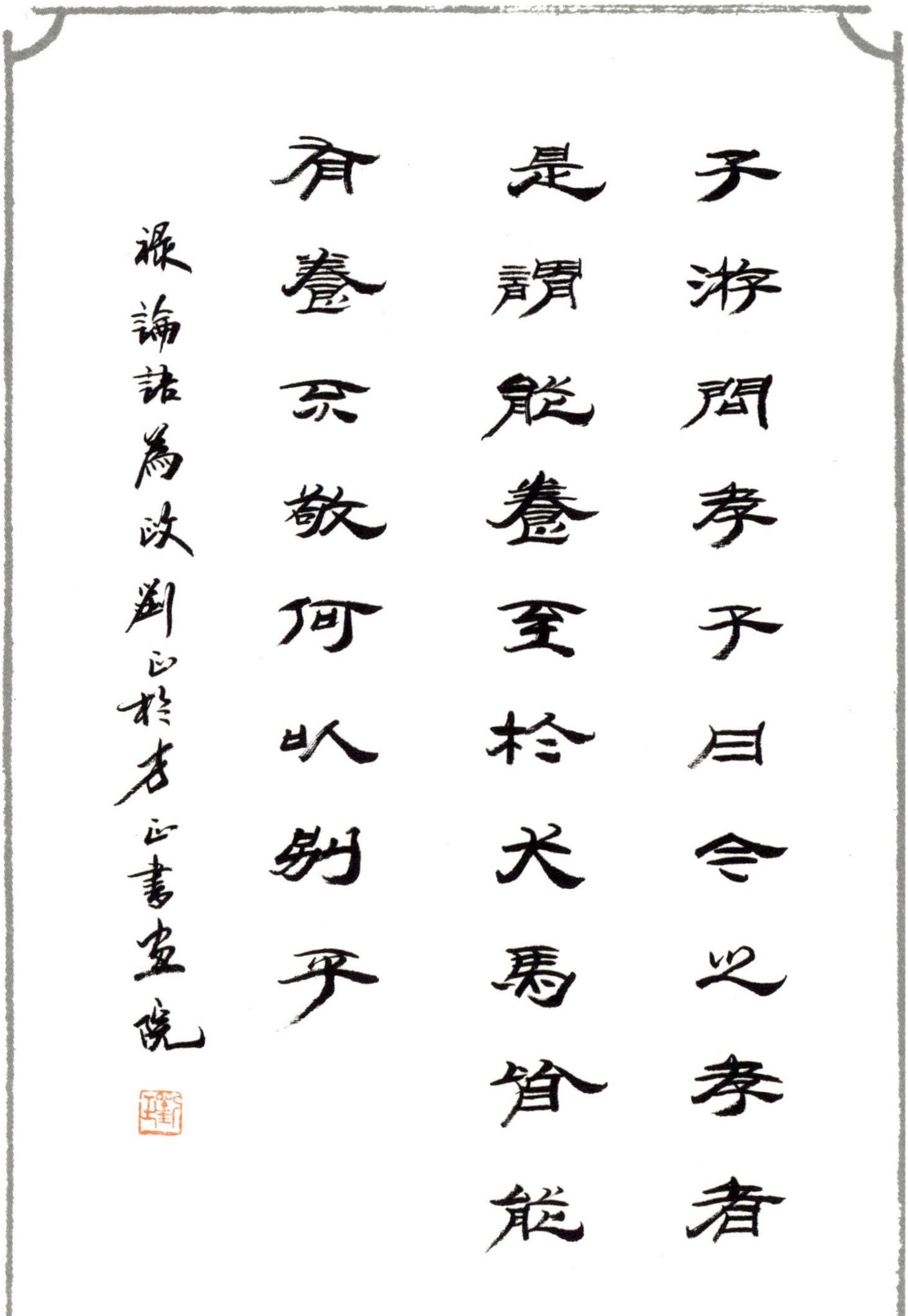
子游問孝子曰今之孝者
是謂能養至於犬馬皆能
有養不敬何以別乎
錄論語為政劉正於孝正書畫院

子夏问孝。子曰：『色难。有事，弟子服其劳。』

——《论语·为政》

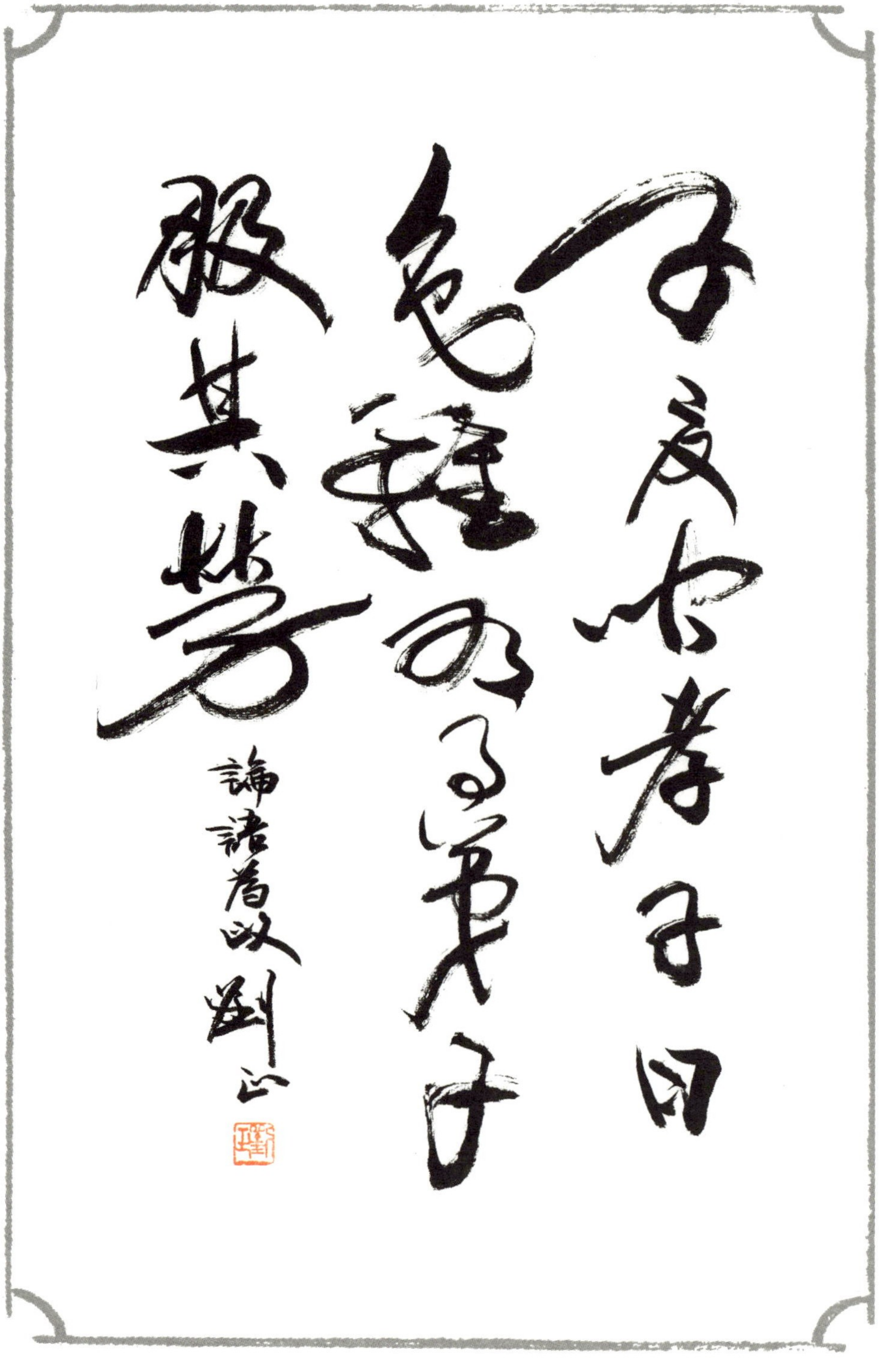
子夏問孝子曰
色難有事弟子
服其勞

养可能也，敬为难；敬可能也，安为难；安可能也，卒为难。

——《礼记·祭义》

養可能也敬為難敬可能也安為難安可能也卒為難

禮記祭義 劉正

大孝终身慕父母。

——《孟子·万章上》

大孝终身慕父母
孟子万章上

孝，利亲也。

——《墨子·经上》

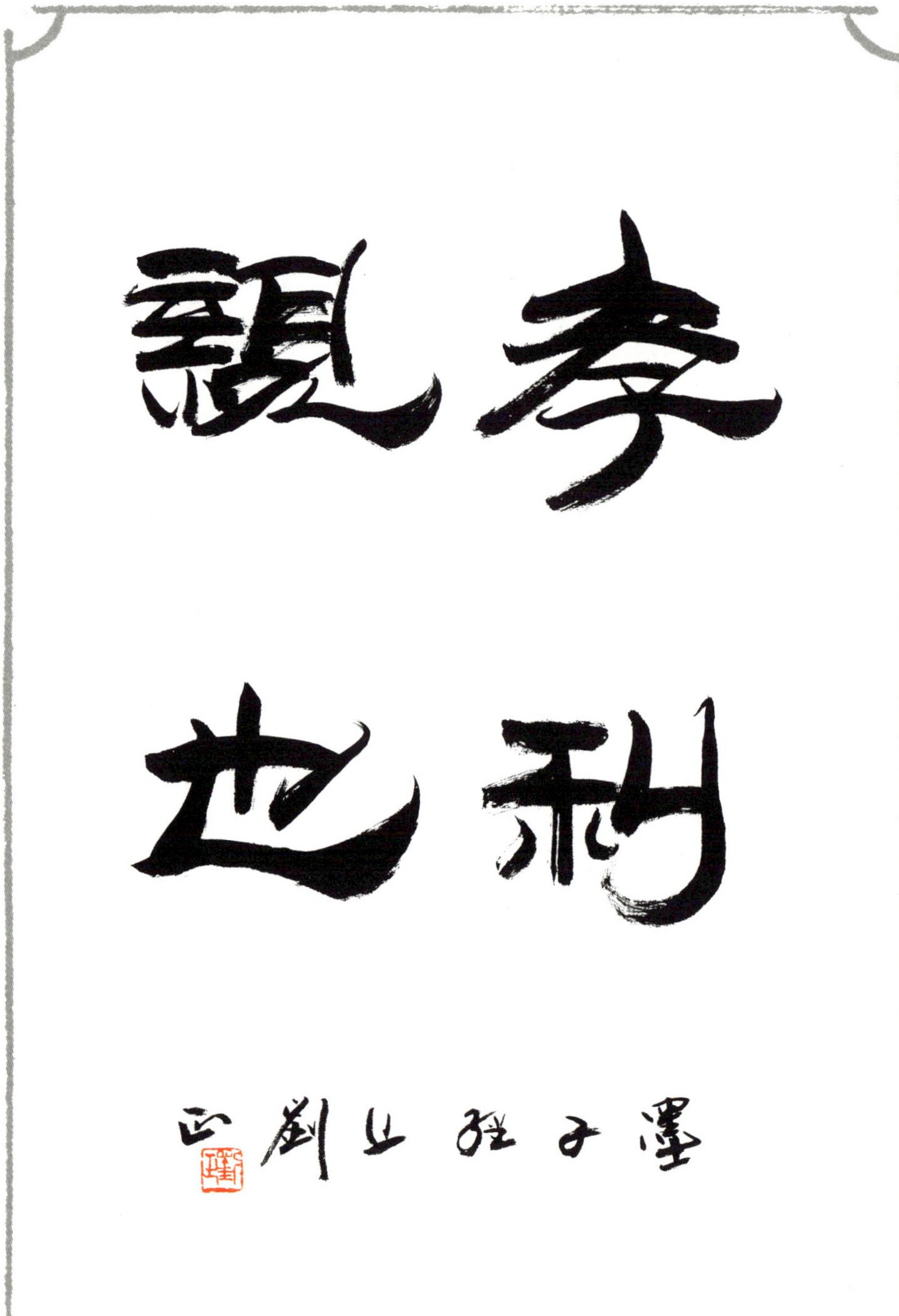
孝利
親也
墨子經上 劉正

曾子曰：『往而不还者亲也，至而不可加者年也。是故孝子欲养，而亲不待也。木欲直而时不待也。是故椎牛而墓祭，不如鸡豚逮亲存也。』

——韩婴《韩诗外传·卷七》

曾子曰往而不還者親也至而不可加者年也是故孝子欲養而親不待也木欲直而時不待也是故椎牛而墓祭不如鷄豚逮親存也

錄韓嬰韓詩外傳卷七 劉江

孔子曰：『啜菽饮水，尽其欢，斯之谓孝。敛手足形，还葬无椁，称其财，斯之谓礼。』

——《礼记·檀弓下》

孔子曰啜菽飲水盡其歡斯之謂孝斂手足形還葬無椁稱其財斯之謂禮

錄禮記檀弓下 劉正書於孝正畫院

奉先思孝，接下思恭。

——《尚书·太甲》

奉先思孝
接下思恭
尚書太甲
劉正書

君陈（周公之子），惟尔令德孝恭，惟孝友于兄弟，克施有政。

——《尚书·君陈》

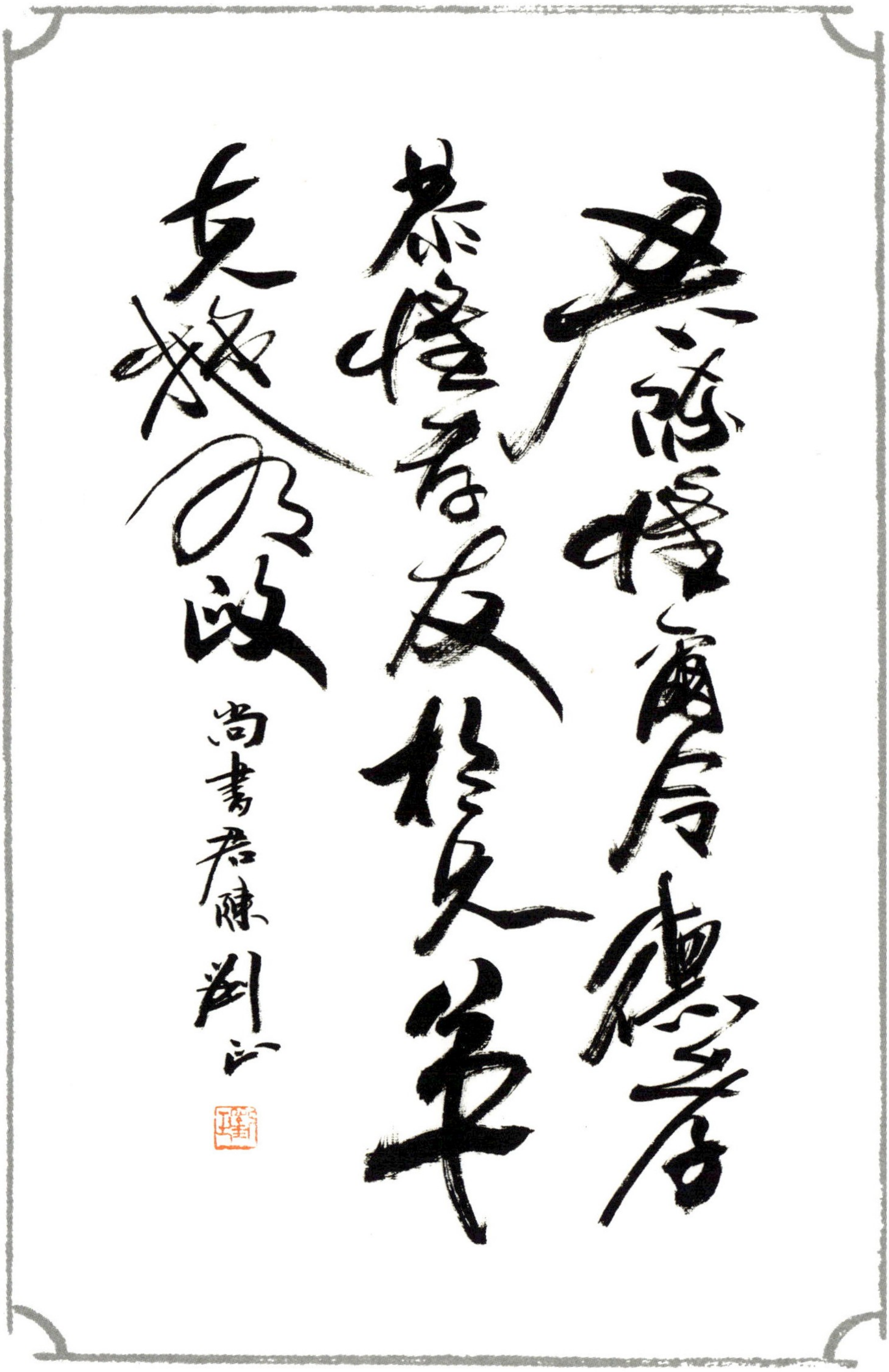
君陳惟爾令德孝
恭惟孝友于兄弟
克施有政
尚書君陳 劉江

仲可怀也，父母之言，亦可畏也。

——《诗经·郑风·将仲子》

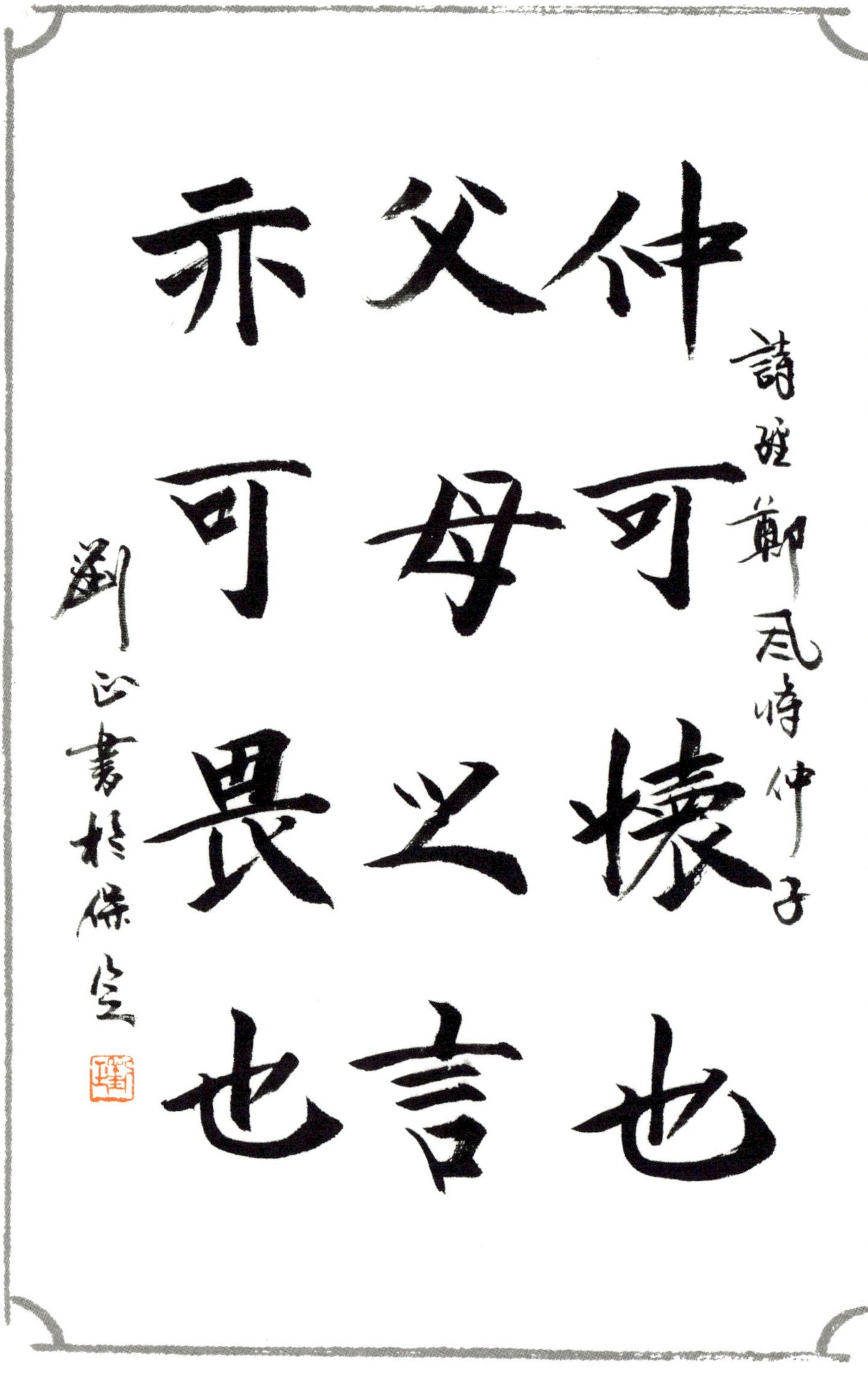
仲可懷也
父母之言
亦可畏也
詩經鄭風將仲子
劉正書於保定

成王之孚，下土之式。永言孝思，孝思维则。

——《诗经·大雅·下武》

成王之孚下土

之式永言孝思

孝思维则

诗经大雅下武　文纪

威仪孔时，君子有孝子。孝子不匮，永锡尔类。

——《诗经·大雅·既醉》

威儀孔時君子有孝子孝子不匱永錫爾類

詩經大雅既醉

丁酉年金化學書

假（伟大）哉皇考，绥（安抚）予孝子。

——《诗经·周颂·雝（音拥，和乐的样子）》

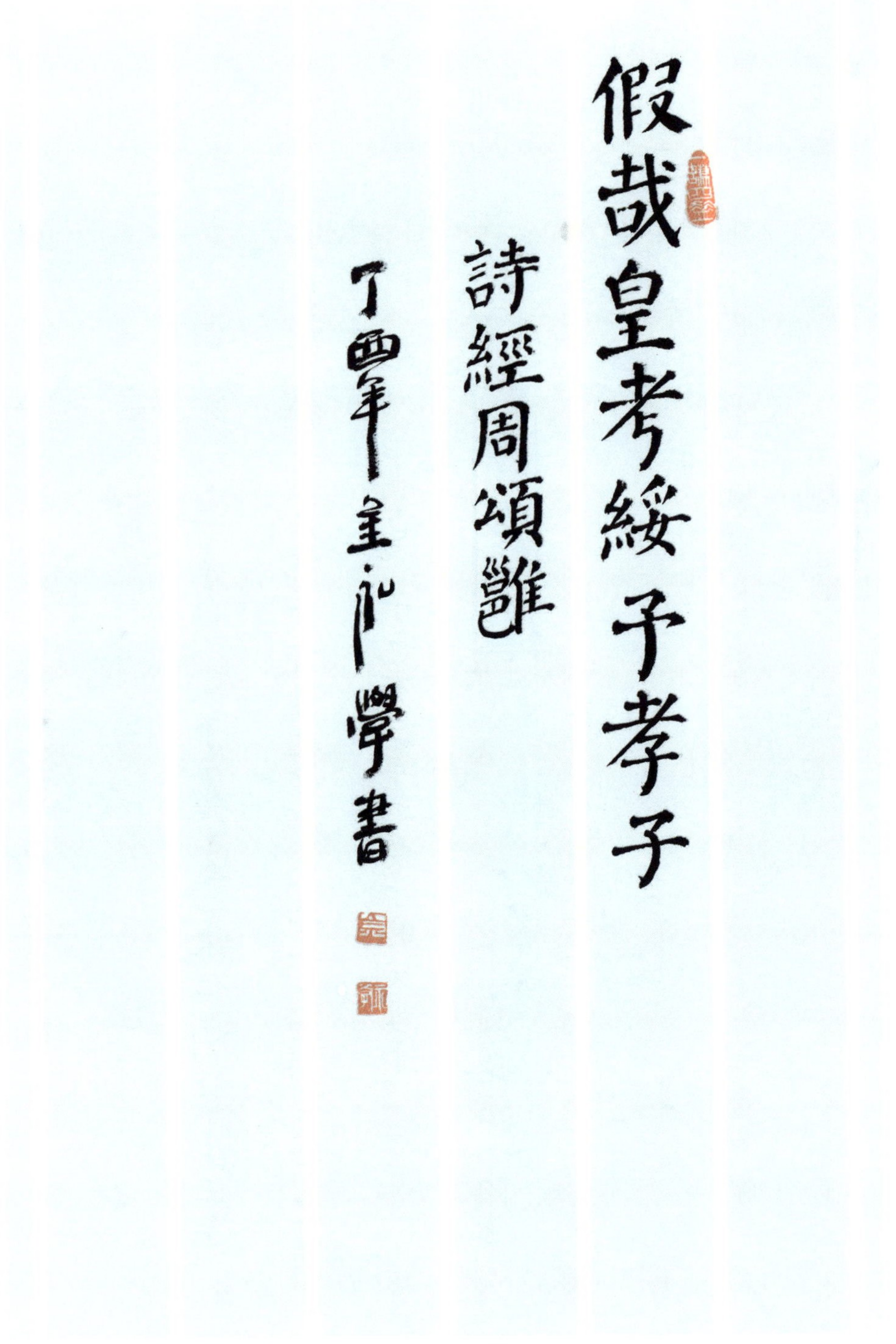
假哉皇考綏予孝子
詩經周頌雝
丁酉年金泓學書

子曰：『予（指宰我）不仁也！子生三年，然后免于父母之怀。夫三年之丧，天下之通丧也。予也有三年之爱于其父母乎？』

——《论语·阳货》

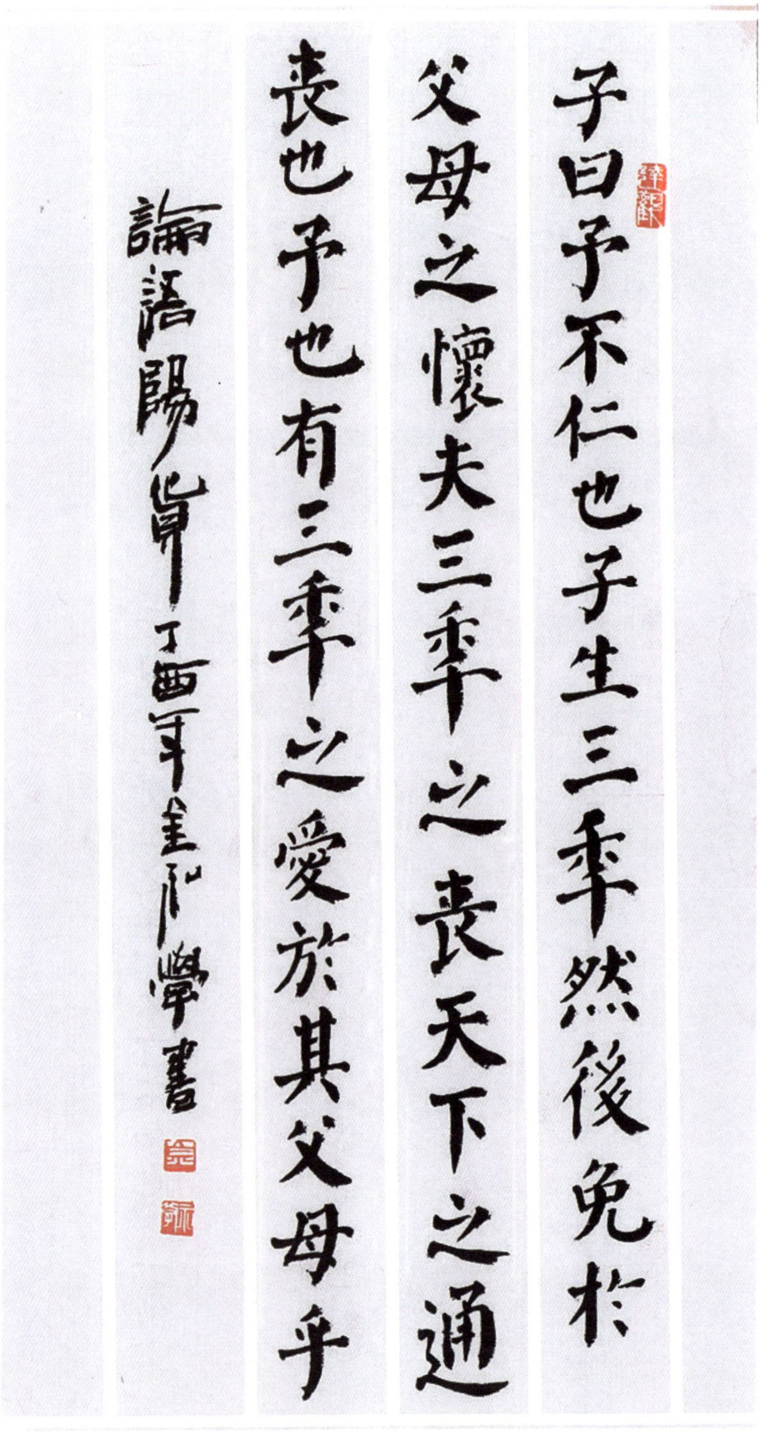
子曰予不仁也子生三年然後免於
父母之懷夫三年之喪天下之通
喪也予也有三年之愛於其父母乎
論語陽貨 丁酉年金礼學書

子曰：『父母之年，不可不知也，一则以喜，一则以惧。』

——《论语·里仁》

子曰父母之年不可不知也一則以喜
一則以懼
論語里仁
丁酉年金永學書

父义，母慈，兄友，弟恭，子孝，内平外成。

——《左传·文公十八年》

父義母慈兄友弟恭子孝內平外成

左傳文公十八年 文紀

礼顺心和，养虽不备，可也。

——桓宽《盐铁论·孝养》

礼菲而养丰，非孝也。

——桓宽《盐铁论·孝养》

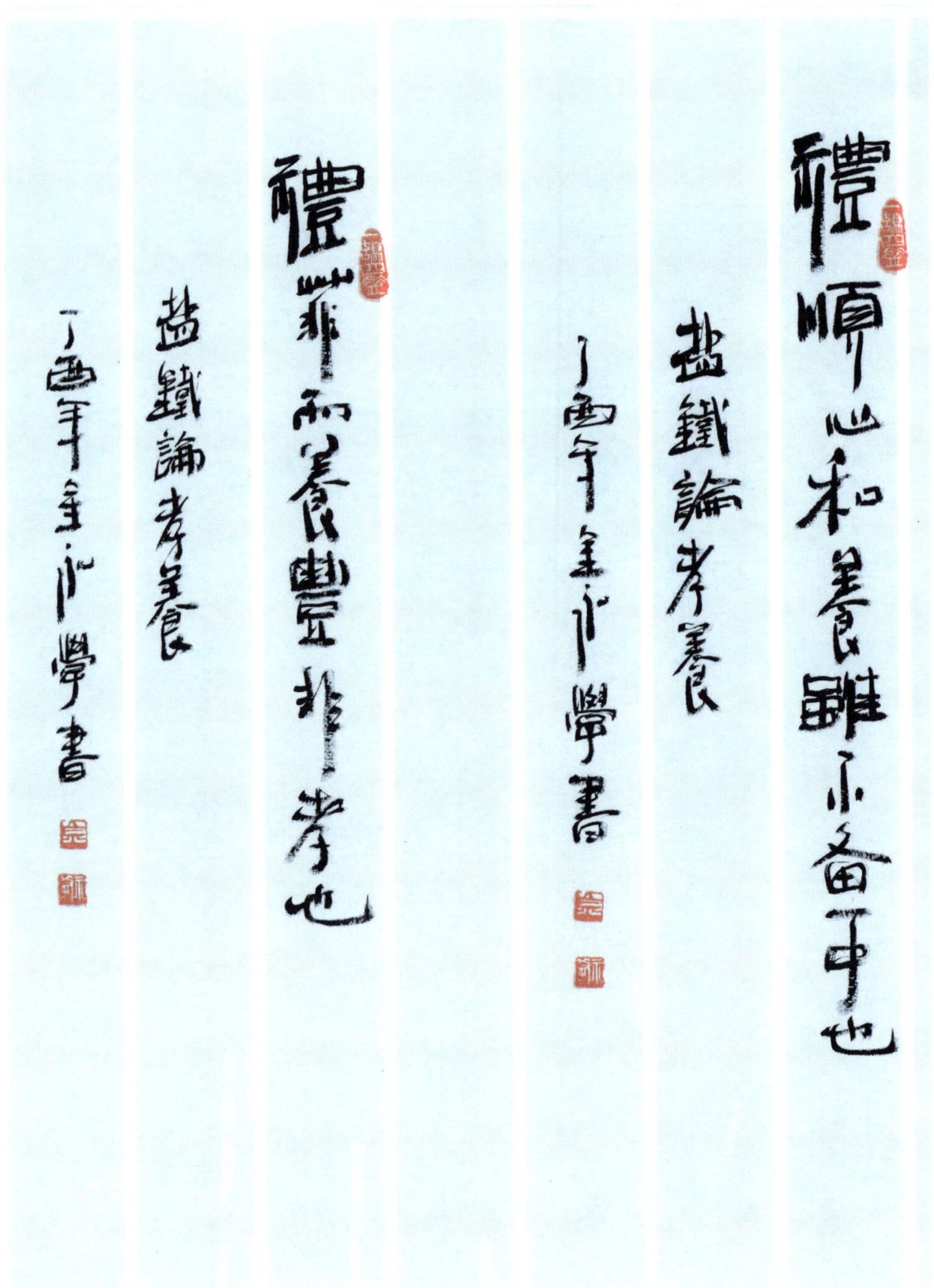
禮順心和養雖不備可也
鹽鐵論孝養
丁酉年金沙學書
禮菲而養豐非孝也
鹽鐵論孝養
丁酉年金沙學書

立身行道，扬名于后世，以显父母，孝之终也。

——《孝经·开宗明义章第一》

扬名显亲，孝之至也。

——房玄龄等《晋书·王祥传》

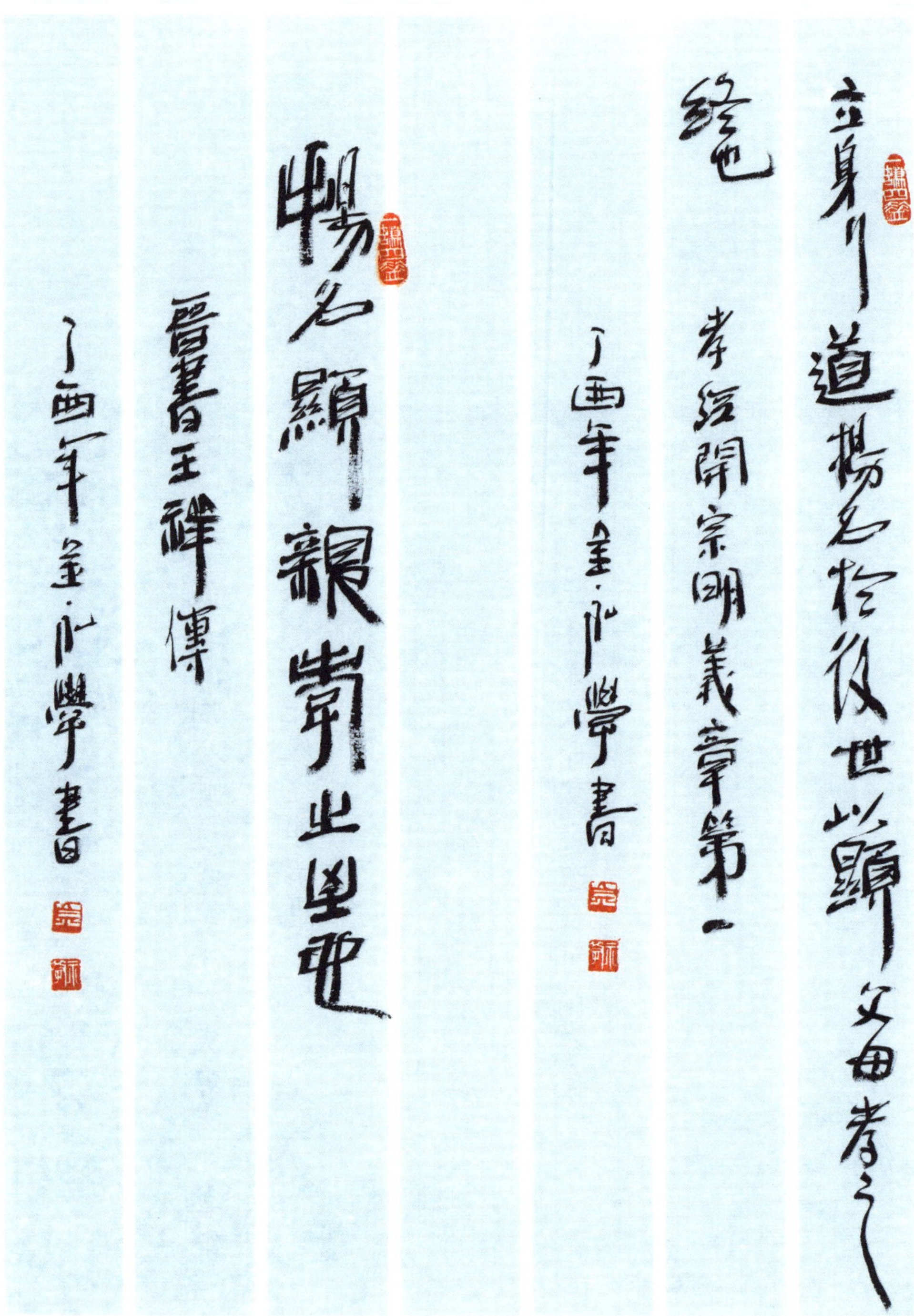
立身行道揚名於後世以顯父母孝之終也
孝經開宗明義章第一
丁酉年金心學書
揚名顯親孝之至也
晉書王祥傳
丁酉年金心學書

武王、周公其达孝矣乎！夫孝者，善继人之志，善述人之事者也。

——《中庸》

三年无改于父之道，可谓孝矣。

——《论语·学而》

武王周公其達孝矣乎夫孝者善繼人之志善述人之事者也

中庸

丁酉年金永學書

三年無改於父之道可謂孝矣

論語

丁酉年金永學書

父母既没，敬行其身，无遗父母恶名，可谓能终矣。

——《吕氏春秋·孝行览》

夫为人子者，出必告，反必面，所游必有方，所习必有业，恒言不称老。

——《礼记·曲礼上》

父母既没，敬行其身，無遺父母惡名，可謂能終矣。

呂氏春秋孝行覽

丁酉年金永學書

夫為人子者，出必告，反必面，所遊必有方，所習必有業，恒言不稱老。

禮記曲禮上

丁酉年金永學書

善养者，不必刍豢（音除换，牛羊曰刍，猪狗曰豢）也，善供服者不必锦绣也，以己之所有，尽事其亲，孝之至也。故匹夫勤劳，犹足以顺礼，啜（音绰，吃）菽饮水，足以致其敬。

——桓宽《盐铁论·孝养》

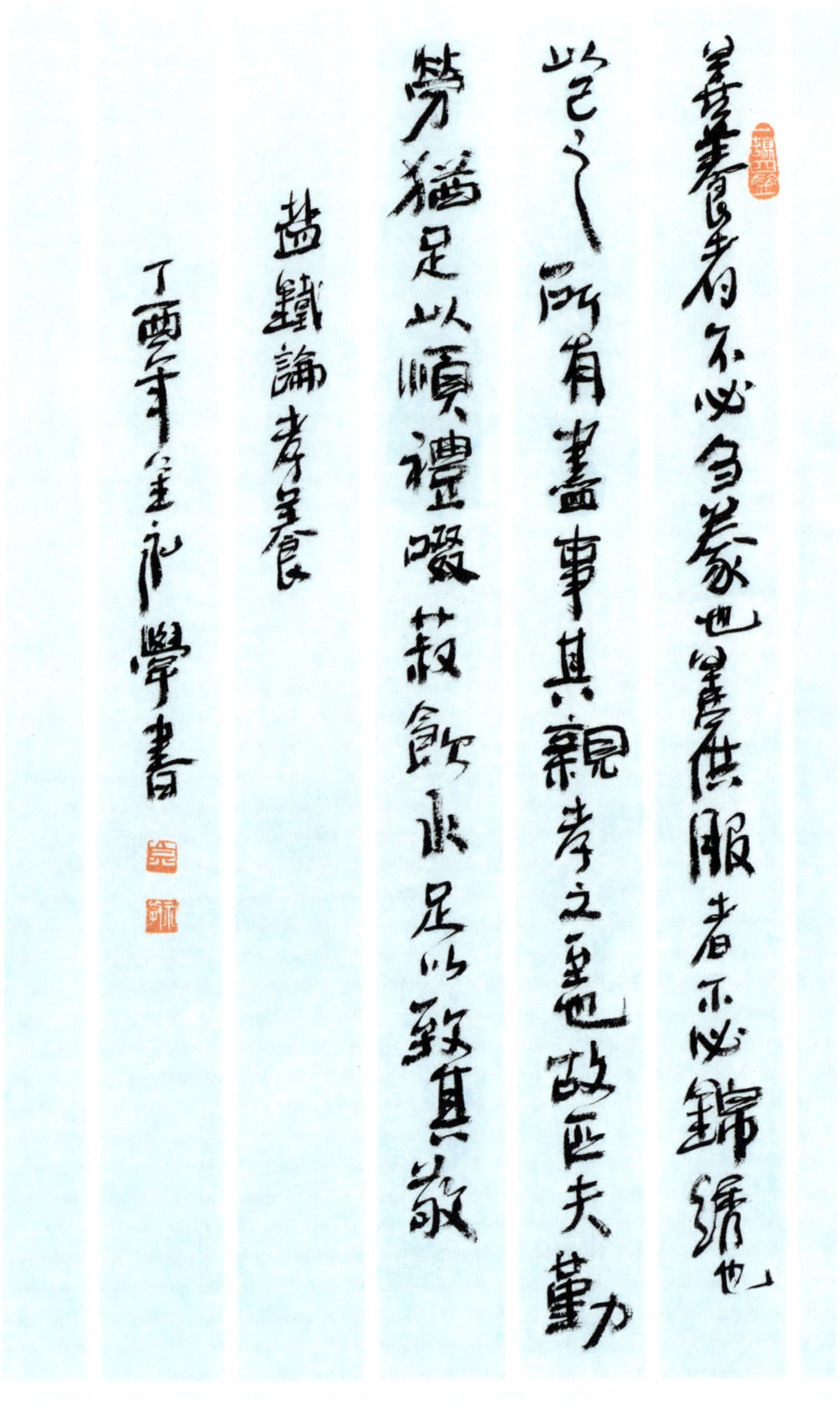
善養者不必芻豢也善供服者不必錦繡也
以己之所有盡事其親孝之至也故匹夫勤
勞猶足以順禮啜菽飲水足以致其敬
鹽鐵論孝養
丁酉年金永學書

子曰：『父母唯其疾之忧。』

——《论语·为政》

古人有言曰：『为人子而不读医书，犹为不孝也。』

——《黄帝内经·灵枢序》

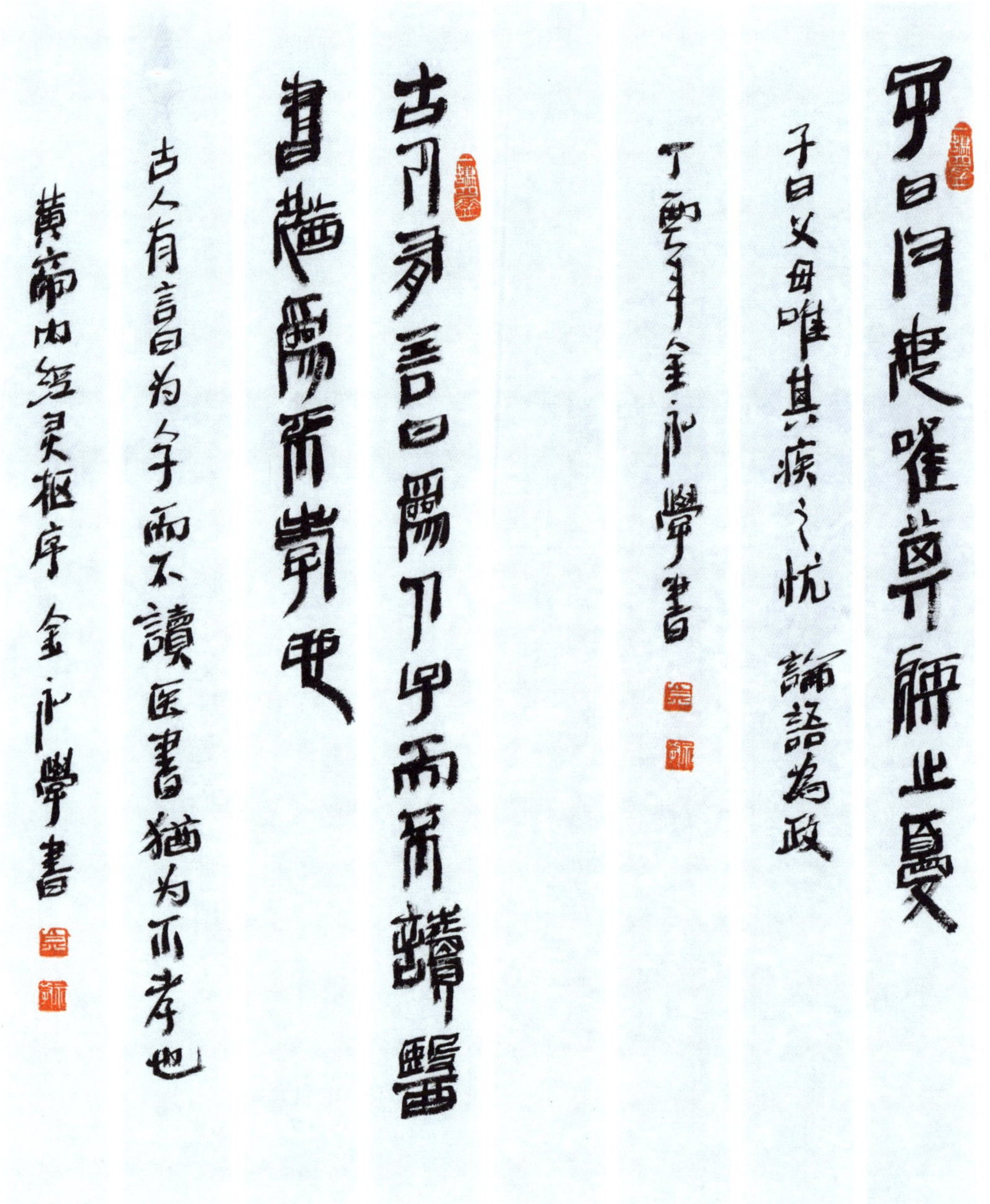
子曰父母唯其疾之憂
子曰父母唯其疾之忧 論語為政
丁酉年金永學書
古人有言曰為人子而不讀醫書猶為不孝也
古人有言曰为人子而不讀医書猶为不孝也
黄帝内經灵枢序 金永學書

睦于父母之党，可谓孝矣。

——《礼记·坊记》

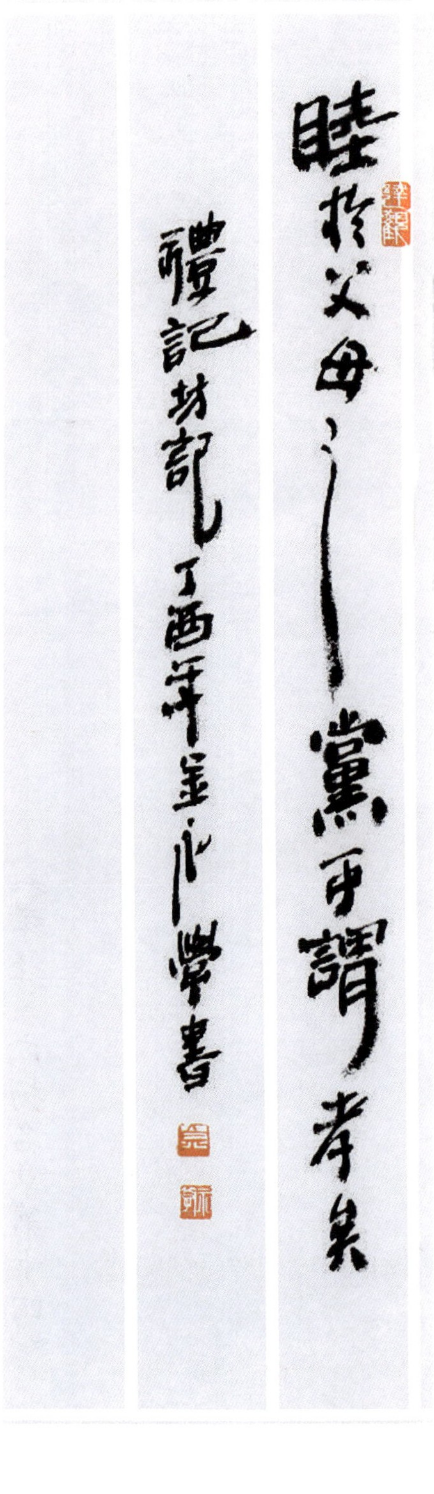
睦於父母之黨可謂孝矣
禮記坊記 丁酉年金永學書

子曰：『君子之事亲孝，故忠可移于君。』

——《孝经·广扬名章第十四》

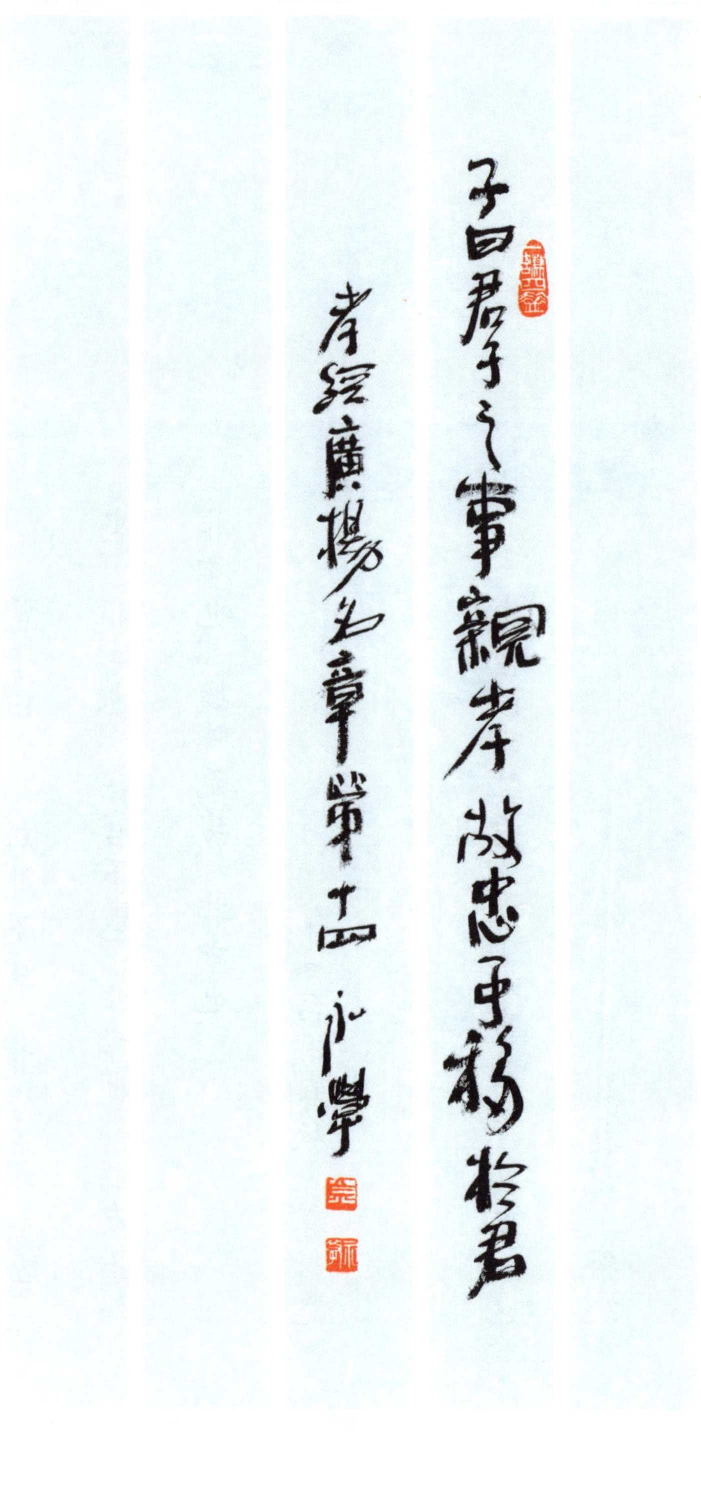
子曰君子之事親孝故忠可移於君
孝經廣揚名章第十四

曾子曰：『居处不庄，非孝也；事君不忠，非孝也；莅官不敬，非孝也；朋友不笃，非孝也；战阵无勇，非孝也。』

——《吕氏春秋·孝行览》

忠臣以事其君，孝子以事其亲，其本一也。

——《礼记·祭统》

曾子曰：居處不莊，非孝也；事君不忠，非孝也；蒞官不敬，非孝也；朋友不篤，非孝也；戰陣無勇，非孝也。

吕氏春秋孝行覽

丁酉年秦永龍書

忠臣以事其君，孝子以事其親，其本壹也。

禮記祭統

秦永龍書

臣之于君，犹子之于父。

——班固《白虎通·丧服》

忠孝道一。

——陈寿《三国志·魏志·文聘传注》

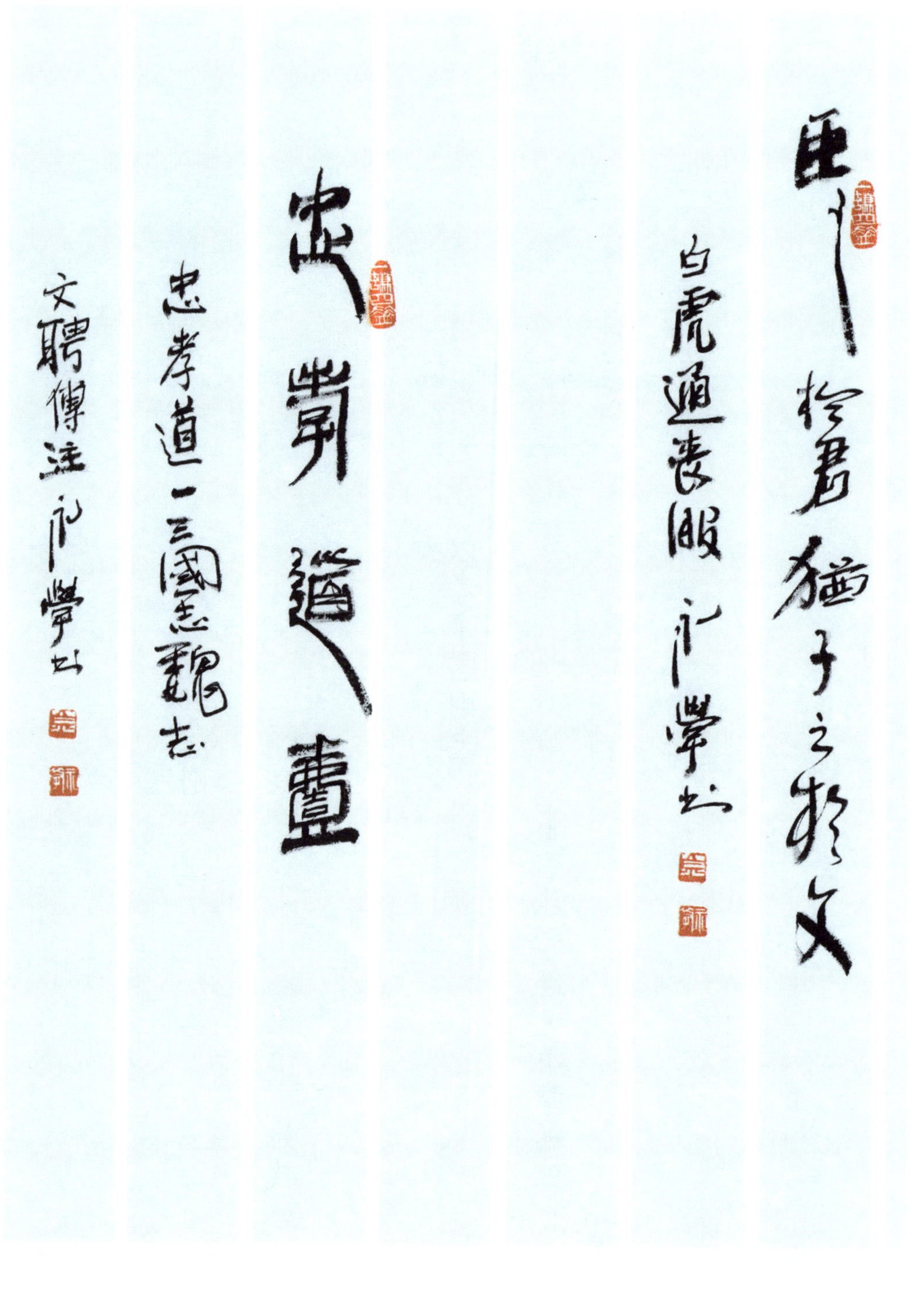
臣之於君猶子之於父
白虎通喪服
忠孝道盡
忠孝道 三國志魏志
文聘傳注

子曰：『孝慈则忠。』

——《论语·为政》

以孝事君则忠。

——《孝经·士章第五》

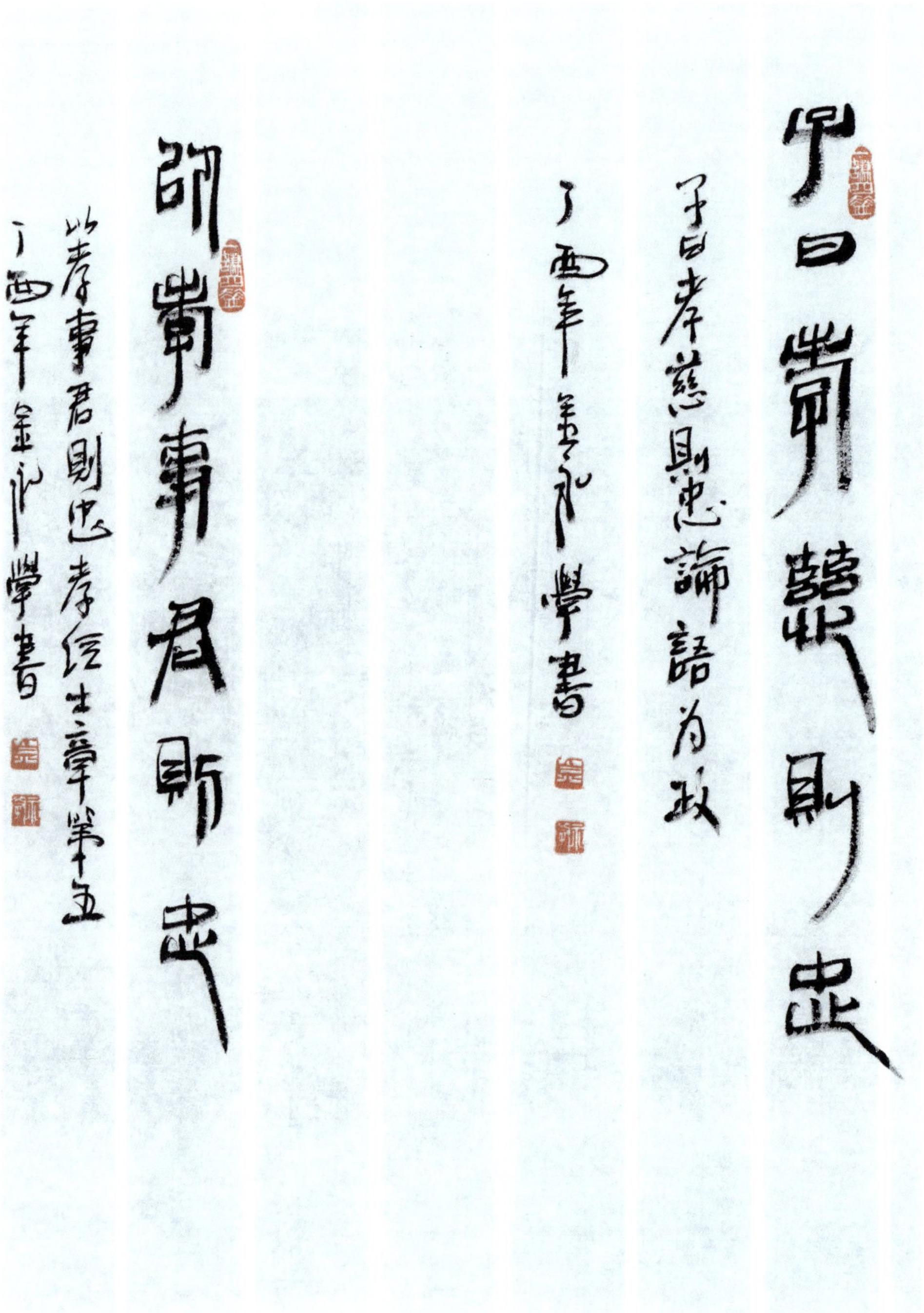
子曰孝慈則忠
子曰孝慈則忠 論語為政
丁酉年金永學書
以孝事君則忠
以孝事君則忠 孝經士章第五
丁酉年金永學書

若孝必专心于色养，则明君不得而臣；忠必不顾其亲，则父母不得而子也。是以为臣者必以义断其恩，为子者必以情割其义。

——《晋书·庾纯传》

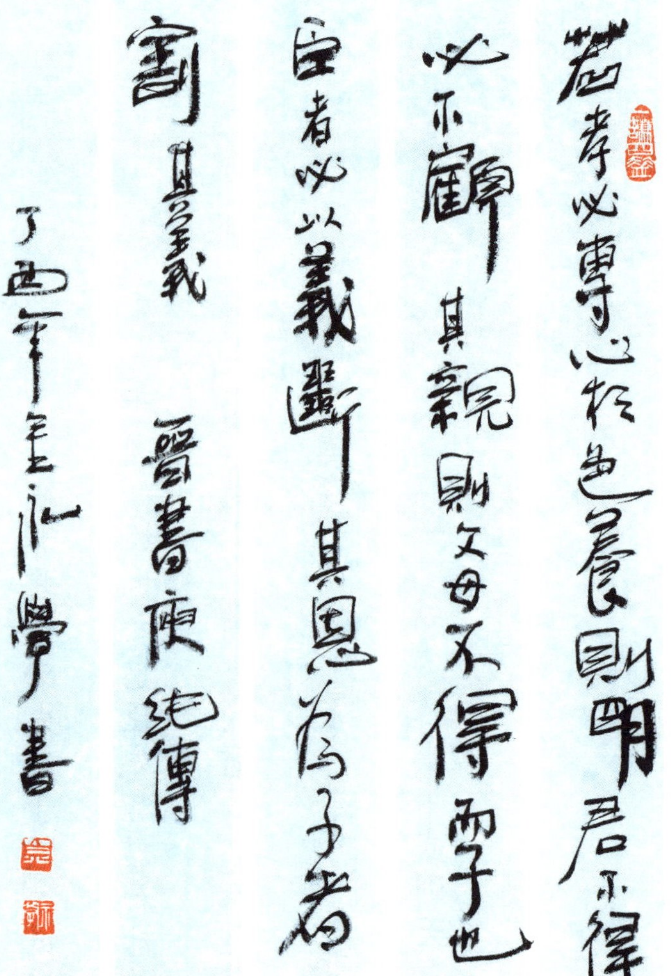
若孝必專心於色養則明君不得而臣忠
必不顧其親則父母不得而子也是以為
臣者必以義斷其恩為子者必以情
割其義
晉書庾純傳

欲尊其亲必先尊于君，欲安其家必先安于国。故古之忠臣先其君而后其亲，先其国而后其家。何者？君者，亲之本也，亲非君而不存；国者，家之基也，家非国而不立。

——武则天《臣轨·至忠》

欲尊其亲，必先尊于君；欲安其家，必先安于国。故古之忠臣，先其君而后其亲，先其国而后其家。何者？君者亲之本也，亲非君而不存；国者家之基也，家非国而不立。

臣軌至忠

丁酉年金永學書

是故孝者，不限于家族之中，非于其外有立身行道之实，则不可以言孝。谋国不忠，莅官不正，交友不信，皆不孝之一。至若国家有事，不顾其身而赴之，则虽杀其身而父母荣之。国之良民，即家之孝子。

——《蔡元培全集·中学修身教科书·子女》

是故孝者不限於家族之中，非於其外，有立身行道之實，則不足以言孝。謀國不忠，蒞官不正，交友不信，皆不孝之一端也。國家有事，不顧其身而赴之，則雖殺其身而父母榮之。國之良民，即家之孝子。

蔡元培全集中學修身教科書子女

丁酉年金永學書

父母爱之，喜而弗忘；父母恶之，惧而无怨；父母有过，谏而不逆。

——《礼记·祭义》

子云：『从命不忿，微谏不倦，劳而不怨，可谓孝矣。』

——《礼记·坊记》

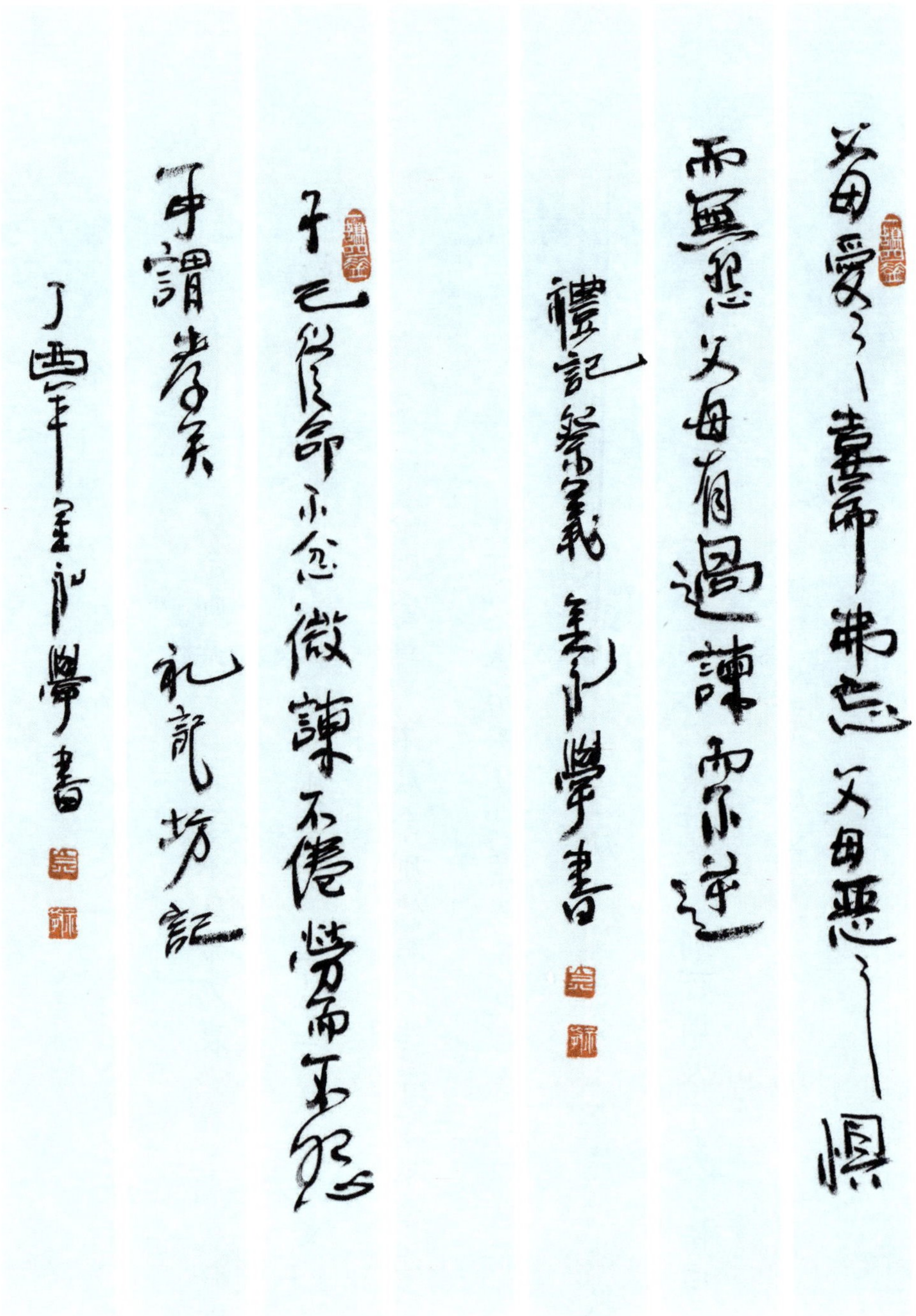
父母愛之喜而弗忘父母惡之懼而無怨父母有過諫而不逆
禮記祭義
子云從命不忿微諫不倦勞而不怨可謂孝矣
禮記坊記
丁酉年

孝子所以不从命有三：从命则亲危，不从命则亲安，孝子不从命乃衷（善）；从命则亲辱，不从命则亲荣，孝子不从命乃义；从命则禽兽，不从命则修饰，孝子不从命乃敬。故可以从而不从，是不子也；未可以从而从，是不衷也；明于从不从之义，而能致恭敬、忠信、端悫以慎行之，则可谓大孝矣。传曰：『从道不从君，从义不从父。』此之谓也。

——《荀子·子道》

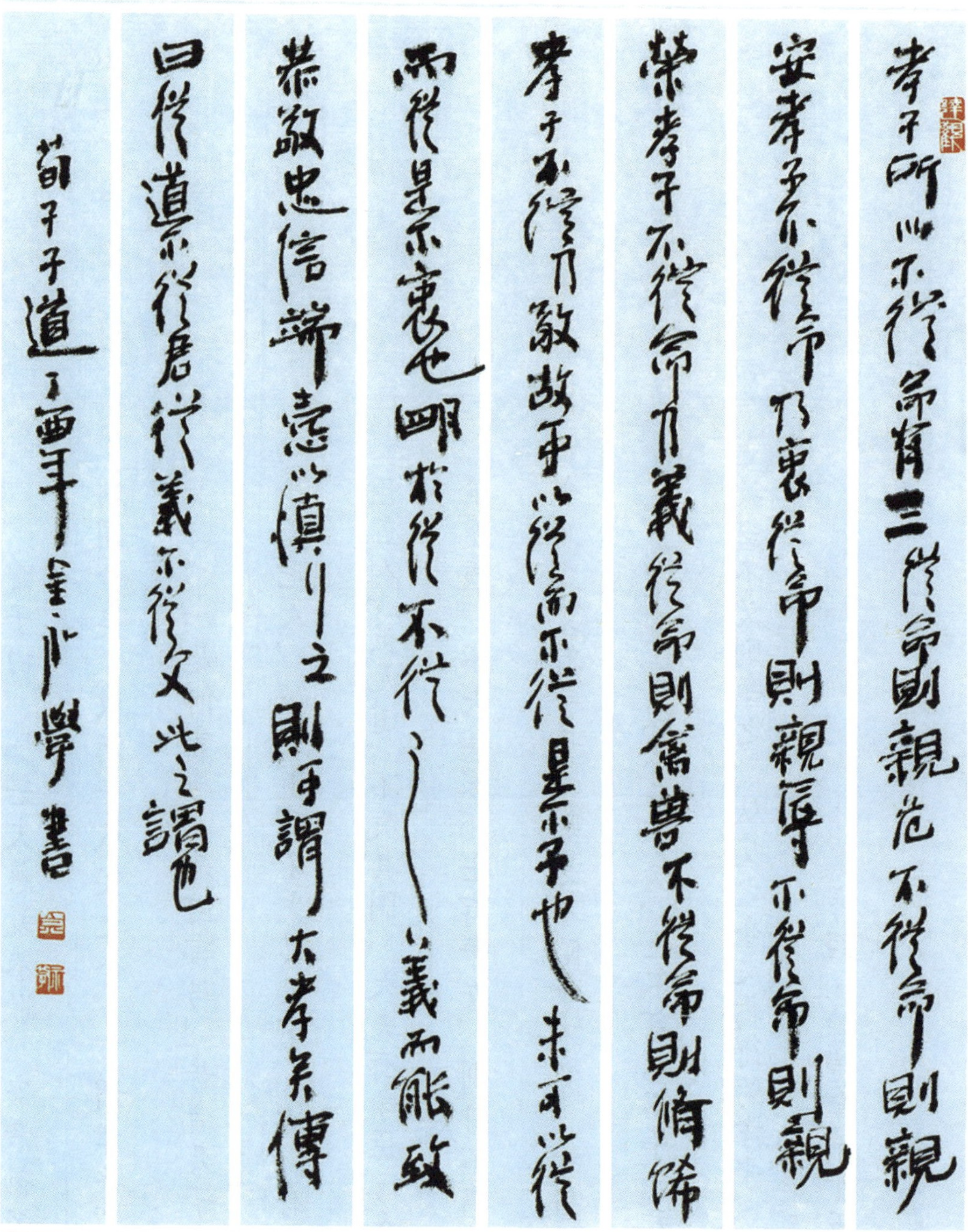
孝子所以不從命有三從命則親危不從命則親
安孝子不從命乃衷從命則親辱不從命則親
榮孝子不從命乃義從命則禽獸不從命則脩飾
孝子不從乃敬故可以從而不從是不子也未可以從
而從是不衷也明於從不從之義而能致
恭敬忠信端慤以慎行之則可謂大孝矣傳
曰從道不從君從義不從父此之謂也
荀子子道丁酉年金廣學書

曾子曰：『若夫慈爱恭敬，安亲扬名，则闻命矣。敢问子从父之令，可谓孝乎？』子曰：『是何言与！是何言与！昔者天子有争臣七人，虽无道，不失其天下；诸侯有争臣五人，虽无道，不失其国；大夫有争臣三人，虽无道，不失其家；士有争友，则身不离于令名；父有争子，则身不陷于不义。故当不义，则子不可以不争于父，臣不可以不争于君。故当不义则争之。从父之令又焉得为孝乎！』

——《孝经·谏诤章第十五》

曾子曰：若夫慈愛恭敬安親揚名則聞命矣，敢問子從父之令，可謂孝乎？子曰：是何言與！是何言與！昔者天子有争臣七人，雖無道不失其天下；諸侯有争臣五人，雖無道不失其國；大夫有争臣三人，雖無道不失其家；士有争友，則身不離于令名；父有争子，則身不陷于不義。故當不義，則子不可以不争于父，臣不可以不争于君。故當不義則争之，從父之令，又焉得為孝乎！

孝經諫諍章第十五

楊磊書

子曰：『吾闻好谏者思其君，食美者念其亲。』

——刘向《说苑·反质》

子曰吾聞好諫者思其君食美者念其亲

劉向說苑反質

鲁哀公问于孔子曰：『子从父命，孝乎？臣从君命，贞乎？』三问，孔子不对。孔子趋出，以语子贡曰：『向者君问丘曰：「子从父命，孝乎？臣从君命，贞乎？」三问而丘不对，赐以为何如？』子贡曰：『子从父命，孝矣。臣从君命，贞矣。夫子有奚对焉？』孔子曰：『小人哉！赐不识也。昔万乘之国，有争臣四人，则封疆不削；千乘之国，有争臣三人，则社稷不危；百乘之家，有争臣二人，则宗庙不毁。父有争子，不行无礼；士有争友，不为不义。故子从父，奚子孝？臣从君，奚臣贞？审其所以从之之谓孝、之谓贞也。』

——《荀子·子道》

魯哀公問於孔子曰子從父命孝乎臣從君命貞乎三問孔
子不對孔子趨出以語子貢曰向者君問丘曰子從父命孝乎
臣從君命貞乎三問而丘不對賜以為何如子貢曰子從父命
孝矣臣從君命貞矣夫子有奚對焉孔子曰小人哉賜不識也昔
萬乘之國有爭臣四人則封疆不削千乘之國有爭臣三人則社
稷不危百乘之家有爭臣二人則宗廟不毀父有爭子不行無禮
士有爭友不為不義故子從父奚子孝臣從君奚臣貞審其
所以從之之謂孝之謂貞也

錄荀子子道 劉正書於方正書畫院

孝者，畜也。顺于道，不逆于伦，是之谓畜。

——《礼记·祭统》

孝者畜也順于道不逆于倫是之謂畜

禮記祭統

子曰：『事父母几谏，见志不从，又敬不违，劳而不怨。』

——《论语·里仁》

子曰事父母幾諫見志不從又敬不違勞而不怨

論語里仁

君虽尊，以白为黑，臣不能听；父虽亲，以黑为白，子不能从。

——《吕氏春秋·应同》

君雖尊以白為
黑臣不能聽父
虽亲以黑為白
子不能從

吕氏春秋 應周

子曰：『所谓大臣者，以道事君。』

——《论语·先进》

子曰所謂大臣者以道事君

論語先進

子路问事君。子曰：『勿欺也，而犯之。』

——《论语·宪问》

子路問事君

子曰勿欺也

而犯之

論語憲問

父母之行，若中道则从，若不中道则谏。……从而不谏，非孝也。

——《大戴礼记·曾子事父母》

父母之行若中道則從若不中道則諫從而不諫非孝也

大戴禮記

曾子事父母

入孝出悌，人之小行也；上顺下笃，人之中行也；从道不从君，从义不从父，人之大行也。

——《荀子·子道》

入孝出悌人之小行也上順下篤人之中行也從道不從君從義不從父人之大行也

荀子子道

谏于未形者，上也；谏于已彰者，次也；谏于既行者，下也。

——马援《忠经·忠谏章》

諫于未形者上也諫于已彰者次也諫于既行者下也

忠經忠諫章

夫善谏者，无讽也，无显也，主于理胜而已矣。

——韩琦《韩魏公集·谏垣存稿序》

夫善諫者無諷
也無显也主于
理勝而已矣

韓琦《韓魏公集·諫垣存稿序》

子曰：『孝悌之至，通于神明，光于四海，舜之谓也。』

——刘向《新序·杂事》

子曰孝悌之至通于神明光于四海舜之謂也

劉向新序杂事

单居离问于曾子曰：『事父母有道乎？』

曾子曰：『有。爱而敬。父母之行若中道，则从；若不中道，则谏；谏而不用，行之如由己。从而不谏，非孝也；谏而不从，亦非孝也。』

——戴德《大戴礼记·曾子事父母》

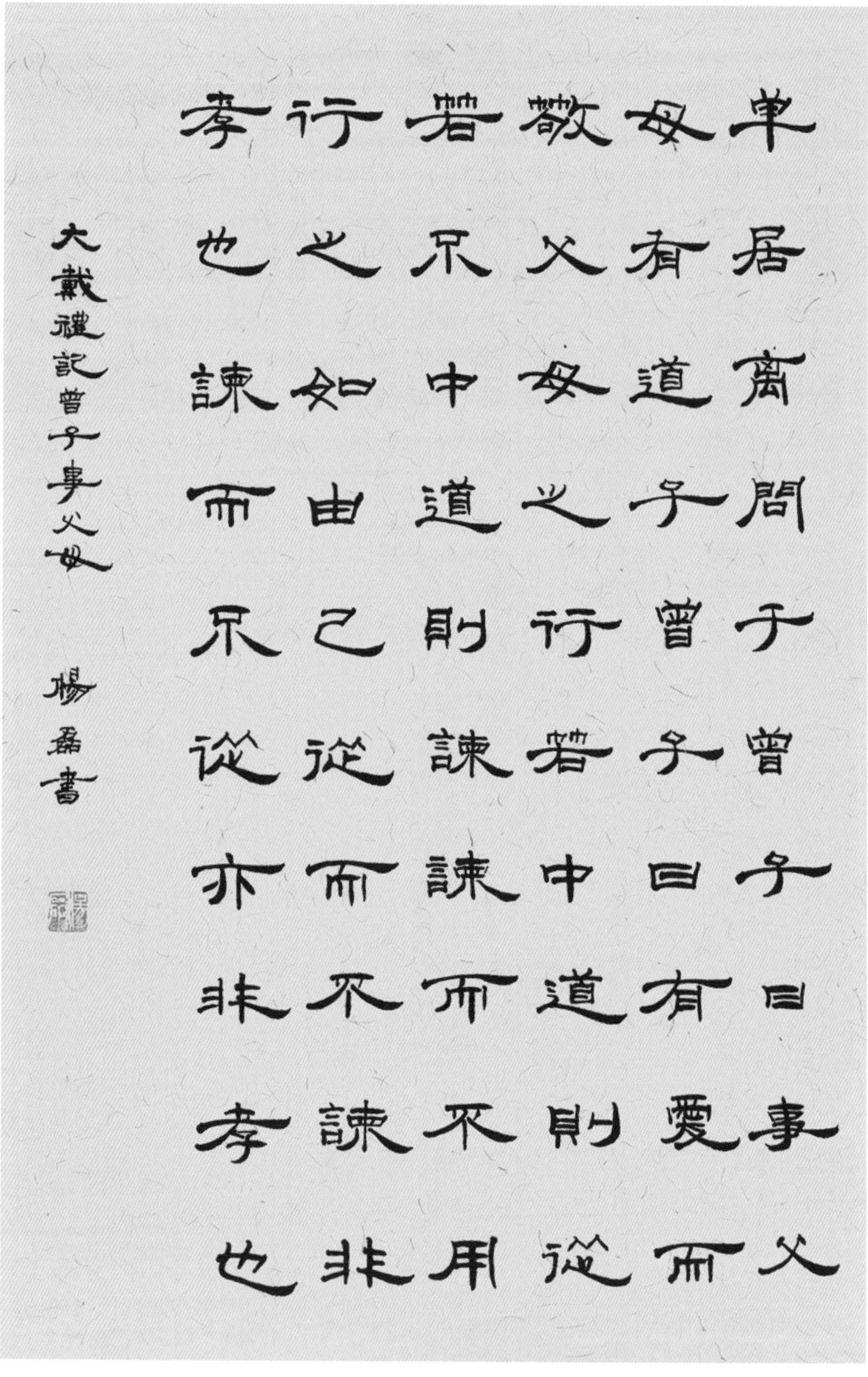
單居離問于曾子曰事父
母有道乎曾子曰有愛而
敬父母之行若中道則從
若不中道則諫諫而不用
行之如由己從而不諫非
孝也諫而不從亦非孝也
大戴禮記曾子事父母
楊磊書

夫子曰：『伐一木，杀一兽，不以其时，非孝也。』

——戴德《大戴礼记·曾子大孝》

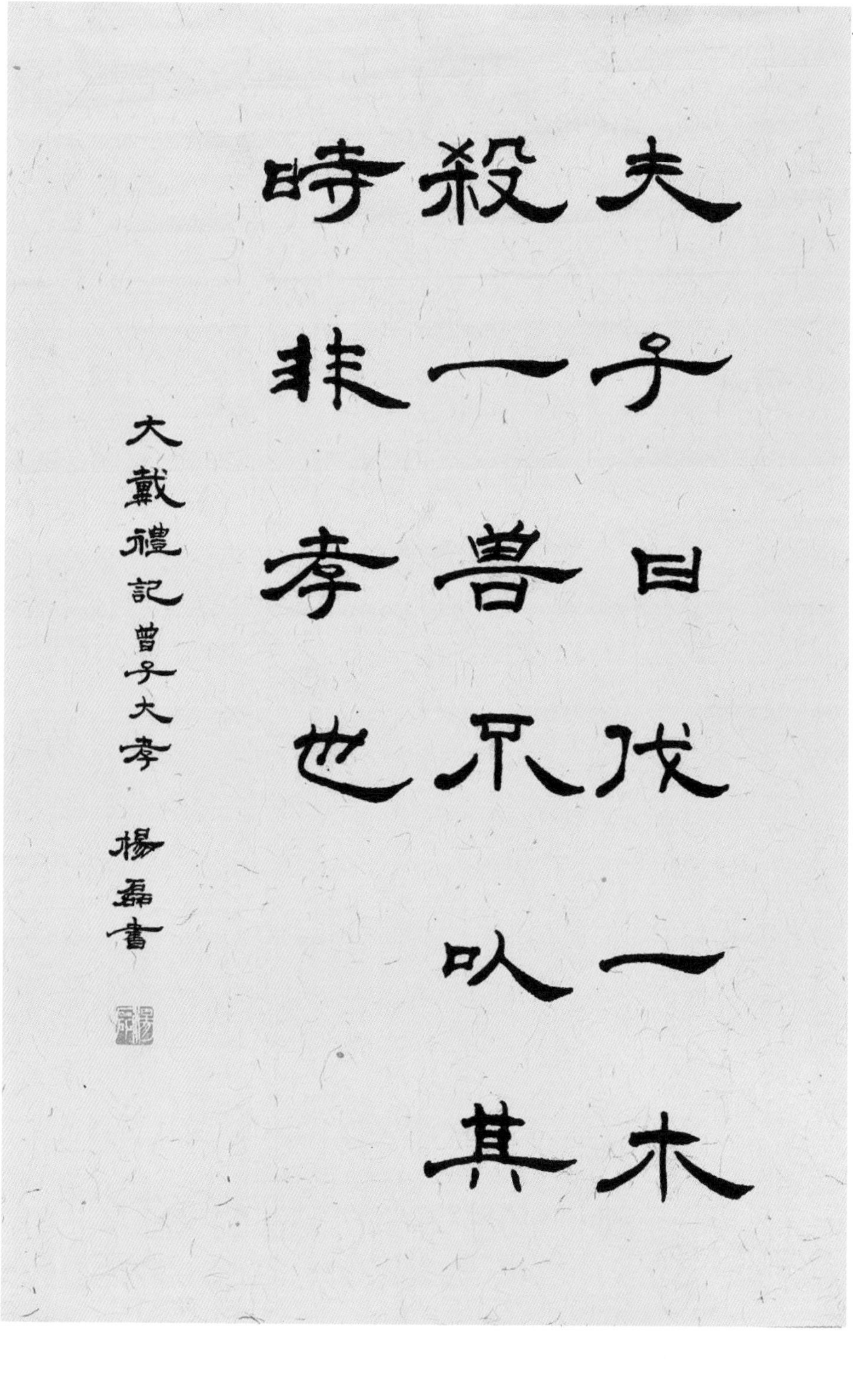
夫子曰伐一木
殺一獸不以其
時非孝也
大戴禮記曾子大孝
楊磊書

曾子曰：『树木以时伐焉，禽兽以时杀焉。夫子曰：「断一树，杀一兽，不以其时，非孝也。」』

——《礼记·祭义》

曾子曰樹木以時伐焉禽獸以時殺焉夫子曰斷一樹殺一獸不以其時非孝也

禮記祭義

亲亲而仁民，仁民而爱物。
——《孟子·尽心上》

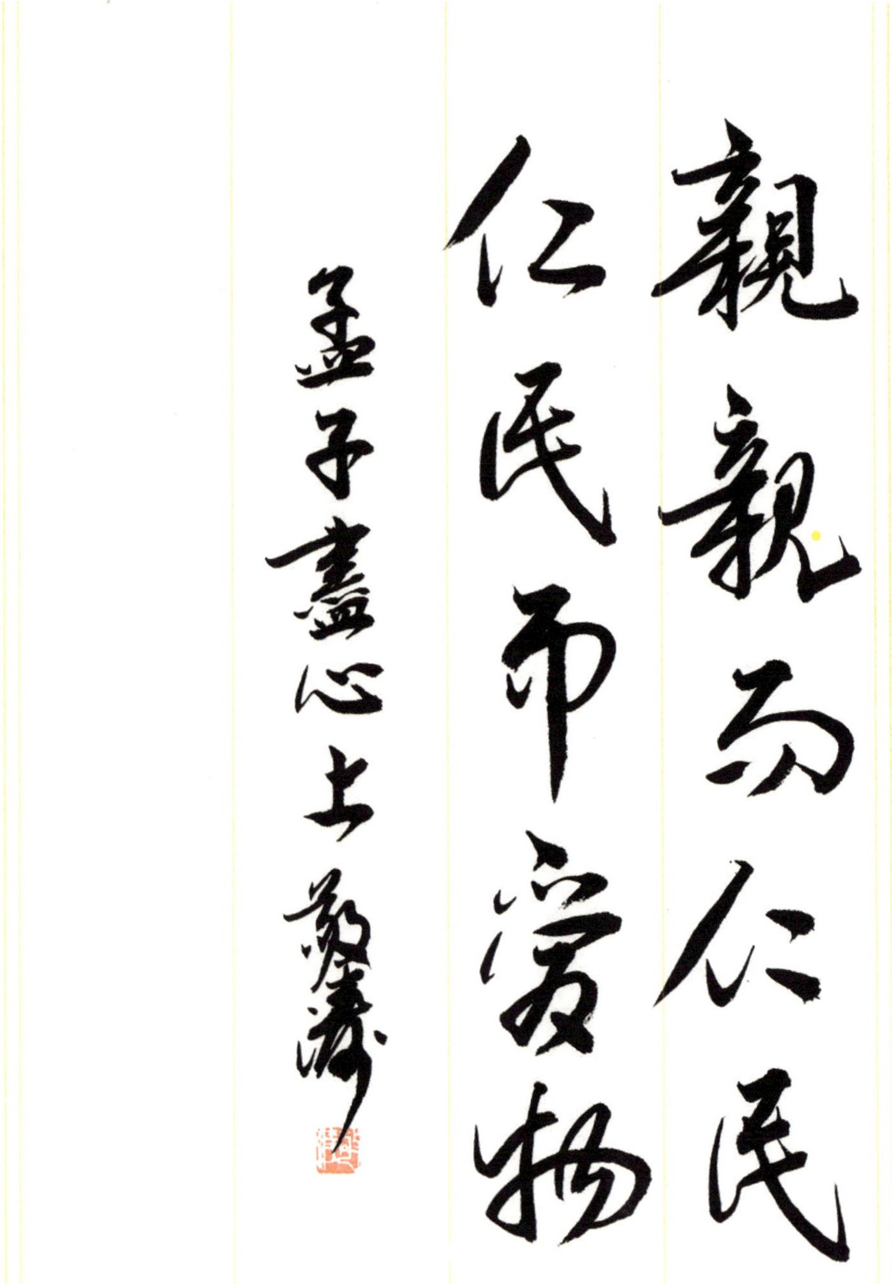
親親而仁民
仁民而愛物
孟子盡心上

仁之实，事亲是也。

——《孟子·离娄上》

仁之實事親
是也

孟子離婁上

亲亲，仁也。

——《孟子·尽心上》

親親仁也

孟子盡心上

爱莫大于爱亲，亲亲之孝，乃行仁之本。

——程颐《河南程氏遗书·卷十八》

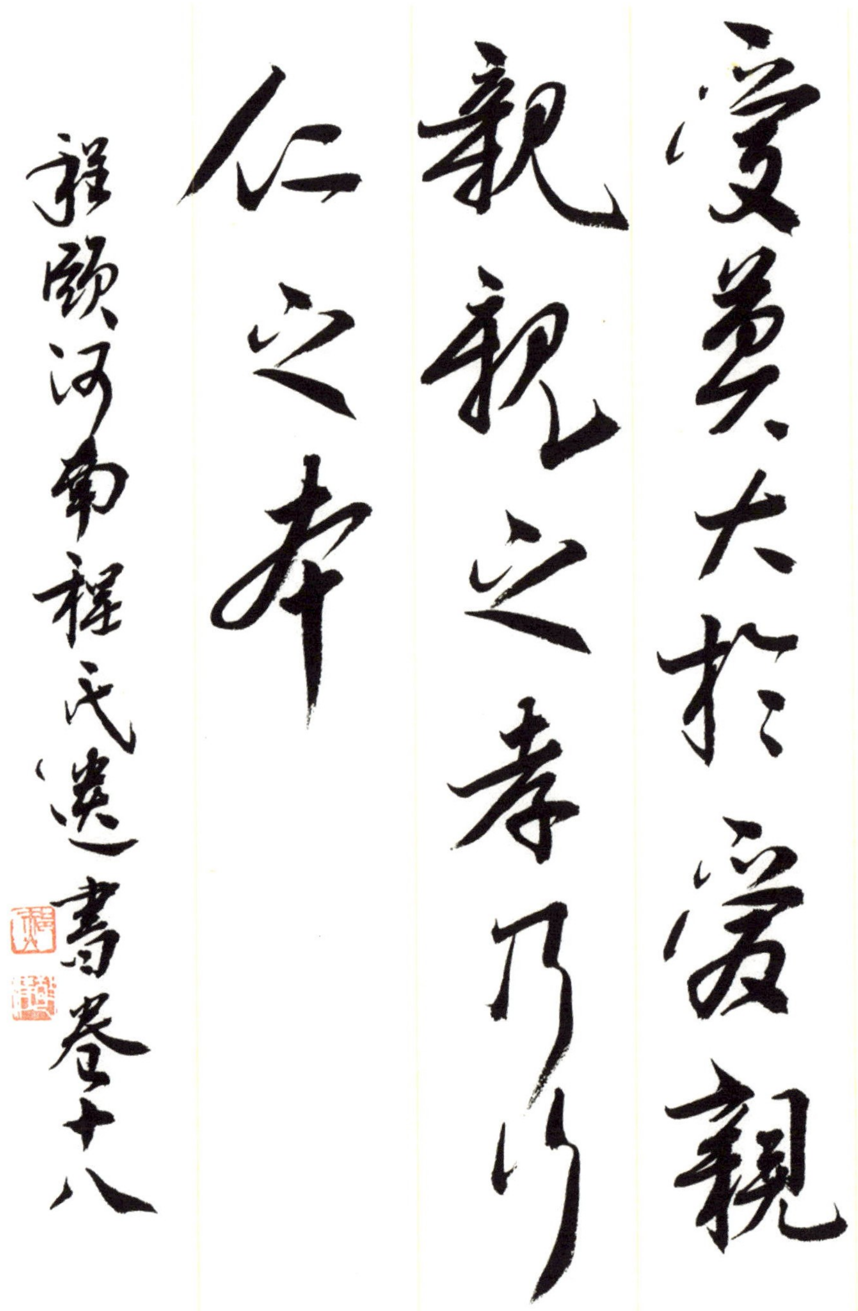
愛莫大於愛親
親親之孝乃為
仁之本
程頤 河南程氏遺書卷十八

亲吾之父以及人之父，以及天下人之父；亲吾之兄以及人之兄，以及天下人之兄。

——王守仁《王阳明全集·大学问》

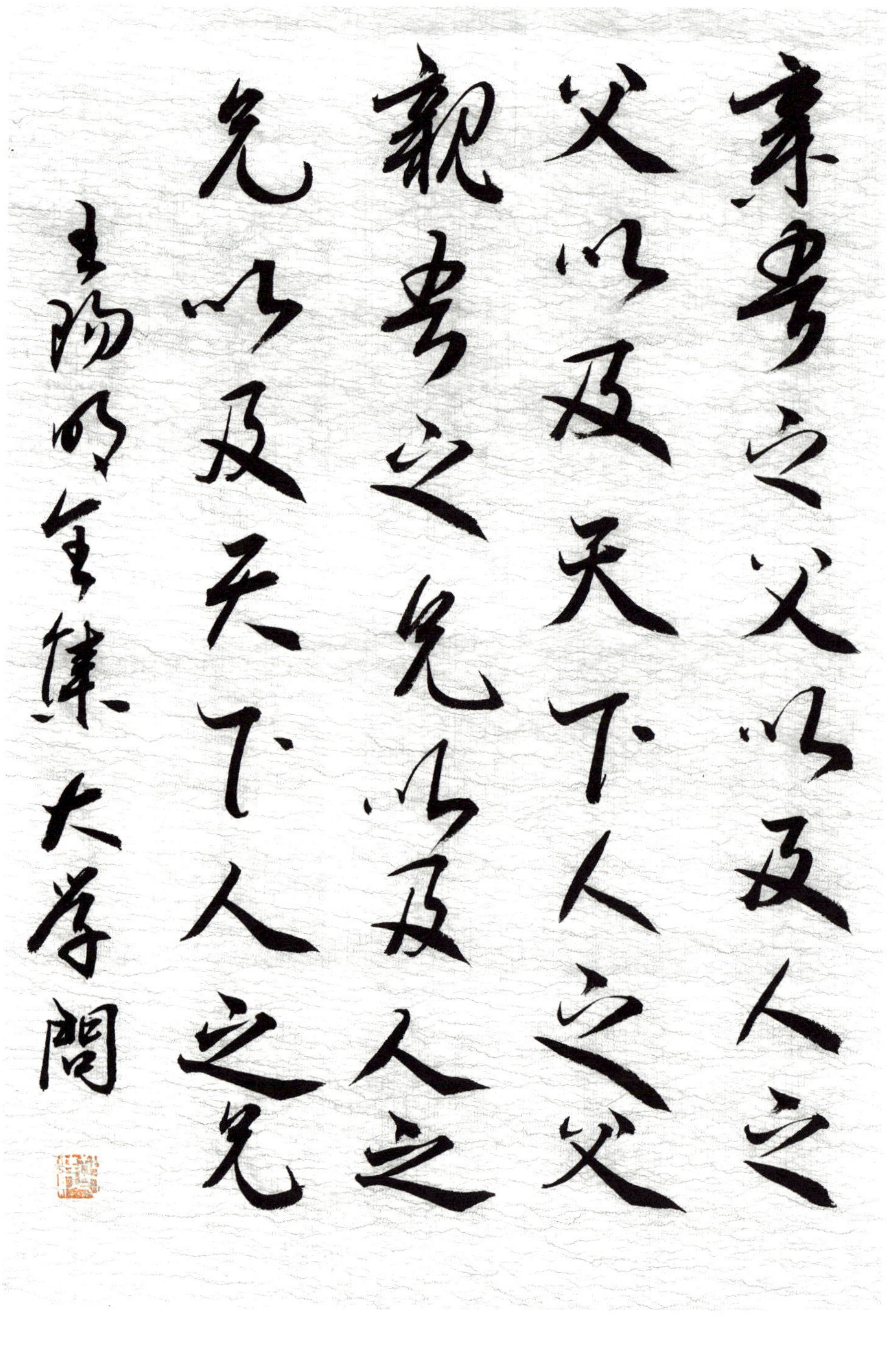
亲孝之父以及人之
父以及天下人之父
亲孝之兄以及人之
兄以及天下人之兄

仁者，以天地万物为一体。

——程颐《河南程氏遗书·卷二》

仁者以天地萬
物為一體

程顥河南程氏遺書
卷二

孝悌者，仁之祖也；忠信者，交之庆也。内不考孝悌，外不正忠信，泽其四经而诵学者，是亡其身者也。

——《管子·戒第二十六》

孝悌者仁之祖也忠信者交之慶也內不考孝悌外不正忠信澤其四經而誦學者是亡其身者也

管子戒第二十六

谨庠序之教，申之以孝悌之义，颁白（斑白，指老人）者不负载于道路。

——《孟子·梁惠王上》

谨庠序之教申之
以孝悌之义颁白
者不负戴于道路

孟子梁惠王上 毅涛

老吾老，以及人之老；幼吾幼，以及人之幼，天下可运于掌。

——《孟子·梁惠王上》

老吾老以及人之老
幼吾幼以及人之幼
天下可運於掌

孟子梁惠王上

孟子曰：『人人亲其亲，长其长，而天下平。』

——《孟子·离娄上》

孟子曰人人親其親長其長而天下平

孟子離婁上

子曰：『孝以事亲，顺以听命，措诸天下，无所不行。』

——《礼记·祭义》

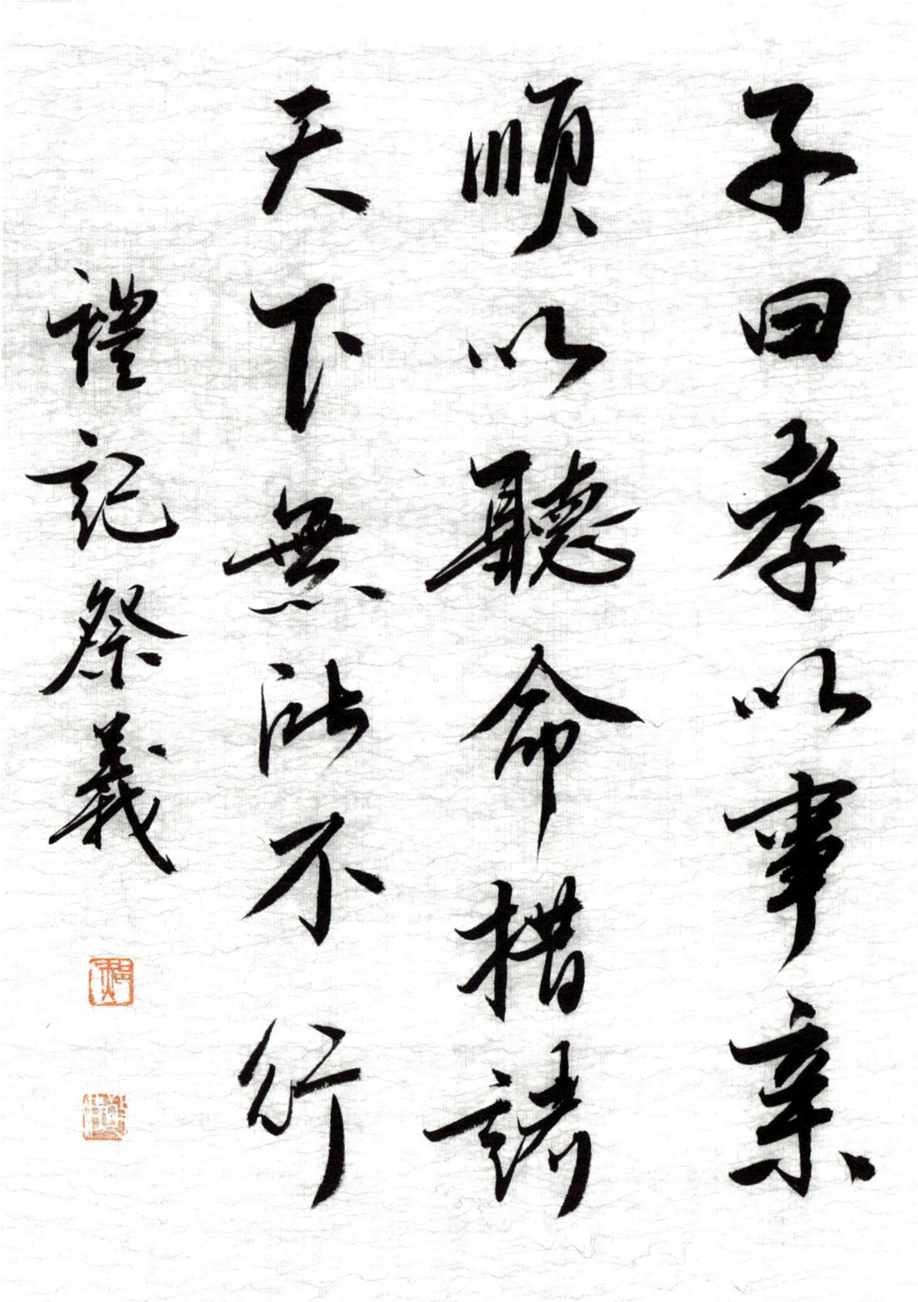
子曰孝以事親
順以聽命措諸
天下無所不行
禮記祭義

明代《王中书劝孝歌》

孝为百行首，诗书不胜录。富贵与贫贱，俱可追芳躅（音竹）。若不尽孝道，何以分人畜？今我述俚言，为汝效忠告。百骸未成人，十月怀母腹。渴饮母之血，饥食母之肉。儿身将欲生，母身如在狱。唯恐生产时，身为鬼眷属。一旦见儿面，母命喜再续。一种诚求心，日夜勤抚鞠。母卧湿箪（音电）席，儿眠干裀褥。儿睡正安稳，母不敢伸缩。儿秽不嫌臭，儿病甘身赎。横簪与倒冠，不暇思沐浴。儿若能步履，举步虑颠覆。儿若能饮食，省口恣所欲。乳哺经三年，汗血耗千斛。劬劳辛苦尽，儿至十五六。性气渐刚强，行止难拘束。衣食父经营，礼仪父教育。专望子成人，延师课诵读。慧敏恐疲劳，愚呆忧碌碌。有善先表暴，有过常掩护。子出未归来，依门继以烛。儿行十里程，亲心千里逐。儿长欲成婚，为访闺中淑。媒妁费金钱，钗钏捐布粟。一旦媳入门，孝思遂衰薄。父母面如土，妻子颜如玉。亲责反睁眸，妻詈不为辱。……人不孝其亲，不如禽与畜。慈鸟尚反哺，羊羔犹跪足。人不孝其亲，不如草与木。孝竹体寒暑，慈枝顾本末。劝尔为人子，孝经须勤读。王祥卧寒冰，孟宗哭枯竹，蔡顺拾桑椹，皆为奉母粟。杨香拯父危，虎不敢肆毒。……如何今世人，不效古风俗？何不思此身，形体谁养育？何不思此身，德行谁式谷（培养）？何不思此身，家业谁给足？父母即天地，罔极难报复。天地虽广大，难容忤逆族。及早悔前非，莫待天诛戮。万善孝为先，信奉添福禄。

孝為百行首詩書不勝录富貴與貧賤俱可追芳躅若不盡孝道何以分人畜
今我述俚言為汝效忠告百骸未成人十月懷母腹渴飲母之血饑食母之肉兒身
將欲生母身如在獄唯恐生產時身為鬼眷属一旦見兒面母喜命再續一種誠求心
日夜勤撫鞠母卧濕簟席兒眠乾裀褥兒睡正安穩母不敢伸縮兒穢不嫌臭兒病甘
身贖横簪與倒冠不暇思沐浴兒若能步履舉步慮顛覆兒若能飲食省口恣所欲乳
哺經三年汗血耗千斛劬劳辛苦盡兒至十五六性氣漸剛强行止難拘束衣食父經營禮
儀父教育专望子成人延師課誦讀慧敏恐疲劳愚呆憂碌碌有善先表暴有過常掩
护子出未歸來依門継以燭兒行十里程親心千里逐兒長欲成婚為訪閨中淑媒妁費金
錢釵釧捐布粟一旦媳入門孝思遂衰薄父母面如土妻子顔如玉親責反睜眸妻詈不為
辱人不孝其親不如禽與畜慈烏尚反哺羊羔猶跪足人不孝其親不如草與木
孝竹體寒暑慈枝顧本末勸尔為人子孝經須勤讀王祥卧寒冰孟宗哭枯竹蔡
順拾桑椹皆為奉母粟楊香搤父危虎不敢肆毒如何今世人不效古風俗何不思此
身形體誰養育何不思此身德行誰式谷何不思此身家業誰給足父母即天地罔極難
報復天地雖廣大難容忤逆族及早悔前非莫待天誅戮萬善孝為先信奉添福祿

录明代王中書勸孝歌 丁酉年冬月 敬濤書

践行篇

唐尧思母望都山

上古五帝之一帝尧，生性至孝。帝尧，陶唐氏，姓伊祁，名放勋，十二岁受封于陶为诸侯，十五岁改封于唐，十六岁从诸侯为天子。因曾受封于唐，史称『唐尧』。依《史记·五帝本纪》所列上古帝系，尧为帝喾之子，其母为帝喾第三妃陈锋氏，居望都庆都山（一名都山），故名曰庆都。相传尧母孕育帝尧时，来顺平伊祁山避难，在尧母洞生下了尧，伊祁山因此又名尧山。据史料记载，尧母陈锋氏庆都居于都山，尧帝至孝，思母心切，经常『登尧山而望都山』，是为望都县名之来源。庆都逝后葬于今望都县，尧以母亲之名庆都命名都山一带为庆都邑，以表达对母亲的思念之情。西汉初，高祖刘邦巡游至此，认为用圣母庆都命名地名似有不恭之嫌，于是改庆都为望都。唐尧登尧山而望都山思母，足见其大孝。

大舜帝孝感动天

舜是我国传说中的远古帝王，五帝之一，姓姚，名重华，号有虞氏，史称虞舜。相传他的父亲瞽叟、继母和同父异母弟弟象，多次想害死他。有一次，瞽叟让舜去修理谷仓，可是当舜上到谷仓顶修补仓顶时，瞽叟和象却在谷仓下放起火来，想把舜烧死，舜手持两个斗笠跳下逃脱；又一次趁舜掘井时，瞽叟与象却往井里填土，舜在旁边挖了一条地道逃脱。这样的事有好几次，事后舜却毫不嫉恨，仍对父亲和继母恭顺，对弟弟慈爱。他的孝行感动了天帝。舜在历山耕种时，大象替他耕地，鸟代他锄草。尧帝听说舜非常孝顺，又有处理政事的才干，就把自己的两个女儿娥皇和女英嫁给他；经过多年观察和考验，最终选定舜做他的继承人。舜登天子位后，经常去看望父亲，仍然恭恭敬敬，并封象为诸侯。

大禹治水承父志

大禹，上古华夏的部落首领。大约在四千多年前，中国的黄河流域洪水为患，尧命大禹的父亲鲧负责领导与组织治水工作。鲧采取『水来土挡』的策略治水。鲧治水失败后，由其儿子禹主持治水大任。大禹在黄河流域以及淮河北部考察。他发现龙门山口过于狭窄，难以通过洪水；还发现黄河淤积，流水不畅。于是禹大刀阔斧，改『堵』为『疏』，就是疏通河道，拓宽峡口，让洪水能更快地通过。禹采用了『治水须顺水性，水性就下，导之入海。高处就凿通，低处就疏导』的治水思想。在这艰辛的日日夜夜里，大禹的脸晒黑了，人累瘦了，甚至连小腿肚子上的汗毛都被磨光了，脚指甲也因长期泡在水里而脱落。在他的带动下，治水进展神速，大山终于豁然屏开，形成两壁对峙之势，洪水由此一泻千里，向下游流去，江河从此畅通。大禹治水，完成了父亲鲧的遗志。

伯夷尊父让叔齐

伯夷、叔齐，是先秦儒家所推崇的两位贤者，为上古孤竹国国君的两个儿子。他们为相让君主继承人之位，先后逃离孤竹国，成为后世仁人贤者之典范。据司马迁《史记》卷六十一记载：『伯夷、叔齐，孤竹君之二子也。父欲立叔齐，及父卒，叔齐让伯夷。伯夷曰：「父命也。」遂逃去。叔齐亦不肯立而逃之。国人立其中子。于是伯夷、叔齐闻西伯昌善养老，盍往归焉。』孤竹国，相传为尧帝长子丹朱封地，传至商朝末年，孤竹君欲废长立幼，立三子叔齐为嗣君，则不免有违『立长不立幼』之宗法制；孤竹君死后，叔齐便要让位给长兄伯夷，伯夷不愿违背父亲遗命，便逃离故国，叔齐亦不肯继位，同样逃离故国，一并至西伯侯姬昌治下养老。伯夷、叔齐双双去国让贤，这一点尤其受到以仁义礼乐文化为内核的孔孟儒家所推重，并在宗法制盛行的古代社会作为典范广为传播。

郑庄公掘地见母

郑庄公，姬姓，名寤生，郑武公之子，春秋初期著名政治家。郑武公十四年（前757年），其夫人武姜因寤生出生时难产，所以不喜欢他，而宠爱他的弟弟叔段。郑武公病逝后，太子寤生继承君位，是为郑庄公。郑庄公元年（前743年），武姜请求把京邑封给叔段。京邑是郑国大邑，郑庄公心里不肯，但碍于母亲请求，也只好答应。叔段到了京邑，整顿军备，与他的母亲武姜阴谋袭击郑都。郑庄公却不动声色，指出『多行不义必自毙』。郑庄公二十二年（前722年），叔段果然袭击了郑都，武姜做内应。郑庄公派军攻打叔段，叔段逃到鄢。于是郑庄公把他的母亲武姜接到城颍，发誓说：『不到黄泉，不与她见面。』过了一年多，郑庄公又后悔自己说过的话，很想念母亲。经过颍考叔建议，挖了条地道到有泉水处，终于见到了母亲。此后庄公母子之间的关系大为改善。

介子推割股奉君

介子推，又名介之推，后人尊为介子，春秋时期晋国人，生于闻喜户头村，长在夏县裴介村，因『割股奉君』，隐居『不言禄』之壮举，深得世人怀念。重耳复国后，介子推不肯受赏，扶老母隐入绵山。晋文公便亲带人马前往绵山寻访。晋文公求人心切，听小人之言，下令三面烧山。没料到大火烧了三天，介子推的影子也没见。后来有人在一棵枯柳树下发现了介子推母子的尸骨，晋文公悲痛万分，将一段烧焦的柳木，带回宫中做了一双木屐，每天望着它叹道：『悲哉足下！』据说，『足下』成为下级对上级或同辈之间相互尊敬的称呼，就是来源于此。晋文公重耳深为愧疚，于是把绵山改名为介山，并立庙祭祀，由此产生了『寒食节』（清明节前一天），历代诗家文人留有大量吟咏缅怀诗篇。

老莱子戏彩娱亲

老莱子是春秋时期楚国的隐士。传说他为了躲避世乱，隐居到蒙山的南麓。楚王想请他出来做官，他就和妻子躲到江南。老莱子平时非常孝顺父母，尽拣美味供奉双亲，还特地养了几只美丽善叫的鸟让父母玩耍。鸟儿发出动听的叫声，父亲听了很高兴，笑着说：『这鸟声真动听！』老莱子见父母脸上有笑容，心里非常高兴。随着父母年纪越来越大，老莱子也年过七十岁了。有一次，父母看着儿子的花白头发，叹气说：『连儿子都这么老了，我们在世的日子也不长了。』老莱子听了，怕父母担忧，就想着法子让父母高兴。他专门做了一套五彩斑斓的衣服，走路时也装着跳舞的样子，还手持拨浪鼓如小孩子般戏耍，父母看了乐呵呵的。一次，老莱子为双亲送水，不小心摔倒，为了不让父母担心，装作假装摔倒的样子，躺在地上学小孩子哭，逗得二老大笑。

郯子鹿乳奉双亲

郯（tán）子是春秋时期郯国国君。郯国地处现在山东省南部，当时虽是小国，却颇有名气，主要原因就是国君郯子的政绩、才华和仁孝之德，赢得了人心。据说，郯子父母年迈时，都患了严重的眼病，为此，郯子想方设法四处求医。后来，有医生跟他说，治这种病最好的办法是用鹿乳涂抹在患处。但是，到哪儿去找鹿乳呢？即使到深山里，鹿见到人，早逃走了！郯子冥思苦想，终于想出一个办法。他找来一张鹿皮披在身上，在头上安了假角，装扮成小鹿，骗取鹿的信任，混进了鹿群中，取母鹿的乳汁给父母亲治病。有一次，猎人打猎，正好用箭瞄准了混在鹿群中的郯子，郯子发现后，赶忙站起来，迎着利箭大喊：『别射！别射！我是人！』猎人听郯子讲了原委，非常感动，就帮他一起挤出鹿奶，并护送他出山。从此郯子鹿乳奉亲的孝顺故事也成了千古佳话。

仲由负米孝父母

仲由，字子路、季路，是春秋时期鲁国人，孔子门徒七十二贤人之一。仲由早年家贫，经常采食野菜。因为担心父母吃不好，仲由总是想方设法从百里之外找一些米背回家侍奉双亲。回家的路上，仲由吃完自己带的野菜团子，就到地里找没人要的豆叶吃，袋子里的米一口也舍不得吃。父母死后，仲由做了大官。一次，他奉命到南方的楚国去，楚王对他很器重，摆了酒席为他接风。仲由坐在锦褥上，吃着丰盛的筵席，却忽然失声痛哭，向他道贺的官员十分疑惑，楚王也表示不满。仲由连忙离席，解释说：『过去家贫，但还能孝敬父母。现在即使我想吃野菜，为父母亲去负米，哪里能够再得呢？』一时间，宴席上鸦雀无声，楚王和在座的官员都为仲由的孝心打动。

曾子舆啮指痛心

曾参，字子舆，春秋时期鲁国人，是杰出的政治家和学者，也是孔子的得意弟子，人们尊称他为『曾子』。他曾提出『吾日三省吾身』（《论语·学而》）的修养方法，相传他著述有《大学》《孝经》等儒家经典，后世儒家尊他为『宗圣』。曾参以孝著称。他少年时家里贫穷，常到山里去打柴换点儿粮食。一天，曾参又走了很远，到山里砍柴。偏巧此时家里来了客人，母亲一个人在家，不知所措，慌乱中就用牙咬自己的手指。林子里的曾参忽然觉得心疼，感觉一定是母亲有什么事，在呼唤自己，便背着柴迅速返回家中，见到母亲，忙跪下询问缘故。母亲说：『有客人忽然到来，我不知道该怎么办，就咬手指盼你回来。』曾参于是起身接见客人，以礼相待，落落大方，深得客人赞许。

闵子骞芦衣顺母

闵损，字子骞，春秋时期鲁国人，孔子的弟子，在孔门中以德行与颜渊并称。孔子曾赞扬他说：『孝哉，闵子骞！』（《论语·先进》）。他生母早死，父亲娶了后妻，又生了两个儿子。继母偏爱自己的孩子，经常虐待他。冬天，继母给两个弟弟穿上用棉花做的冬衣，却给他穿用芦花做的『芦衣』，但闵损一声不吭。一天早晨，父亲急着出门，要闵损去牵车。闵损因为衣不御寒，浑身打颤，将绳子掉落在地上，遭到父亲的斥责和鞭打，芦花随着打破的衣缝飞了出来，此时父亲方知闵损受到虐待。父亲一怒之下，要休逐后妻。闵损跪求父亲饶恕继母，说：『留下母亲只是我一个人受冷，休了母亲三个孩子都要挨冻。』父亲十分感动，就依了他。继母听后，悔恨知错，从此对待他如亲子。

鲁班娱亲造木鸟

鲁班，姓公输，名般，又称公输子、公输盘、班输、鲁般等，被称为木匠的祖师爷。『般』与『班』同音通用，所以后世称他鲁班。鲁班生活在春秋末年到战国初期，受家庭的影响和熏陶，他从小就喜欢手工工艺、土木建筑等，虚心向老师傅请教，反复琢磨各种先进技术和经验。鲁班在做木工活、用墨斗放线的时候，由他的母亲拉住墨线的一端，他自己拉住另一端，以便弹墨放线。经过摸索，鲁班设计出一个小弯钩，戳在木头的一端，这样放线的时候就可不用再让母亲帮忙。后来木工就把这个小弯钩称为『班母』，以纪念他的母亲。鲁班的高超手艺为时人所惊叹，《墨子·鲁问》记载：『公输子削竹木以为鹊，成而飞之，三日不下，公输子自以为至巧。』据说，有一次鲁班惹得母亲不开心了，他就用竹片做成一只木鸟，能够借助风力飞上高空，三天都不落地，母亲看到后笑逐颜开。

乐正子伤足念亲

乐正子春，春秋时期鲁国人，侍奉双亲很孝顺。一天，他下堂时走得快了点，闪伤了脚，几十天没有出门，面有忧色。这时，乐正子春正在教授学生，众弟子因为老师伤了脚不能出门，就一起探视。见到老师之后，见他足伤已经痊愈，却面带忧戚之色，都感到很奇怪，问是什么原因。乐正子春说：『你们只知道我的足伤已经痊愈，却不知我内心所受的伤害没有痊愈。我曾经听我的老师曾子说，孔夫子说过这样的话：在天地所生所养的一切事物中，人是最伟大的，父母把你完整地生下来，子女就要完整地把身体再交还给父母，这才能够称为孝。身体没有受到损伤，没有受到侮辱，这就叫完整。如今我因走路不慎而伤了脚，损伤了父母给我的身体，也是忘记了老师的教导，内心所受的损伤是如此之深，还怎么敢出门？』弟子们听了都很有感悟。

高柴执丧三年哀

高柴，字子羔，春秋时卫国人。在为双亲守丧期间，悲痛万分，三年没有露齿一笑，因此孝名远扬。后来拜孔子为师。鲁国国君敬重他的德行才能，委派其担任成之县令。当时成地有一人亡故，其弟竟不为兄长服孝，听说子羔将到本地任职才穿上孝服。成地百姓叹服子羔孝行的感召力。后来，子羔回到卫国，在任司刑官期间曾将一犯人依法处以斩足之刑。不久，卫国内乱，子羔出逃。守城的门役正是那个被砍足之人，他劝子羔从城墙缺口或出水孔逃出，子羔却认为此非君子之举。门役见追兵已近，又劝子羔躲进城门边小屋，瞒过追兵，子羔才得以脱险。子羔问他为何对自己不仅毫无怨恨而且如此相助，门役道出缘由：当年子羔对他执刑时面带不忍之情，可见至孝之人，心地仁慈忠厚，令人敬重，故不曾有怀恨之心。孔子称此二人之举为『公恕』，即仁爱之心，必得善报。

役

汉文帝亲尝汤药

汉文帝刘恒，是汉高祖刘邦的第四子，为薄姬所生。刘恒出生后，薄姬已遭到刘邦的冷落，地位一直是『姬』，没有升到『夫人』，所以，刘恒从小就做事小心，从不惹是生非，给大家留下了很好的印象。刘恒八岁时，三十多位大臣共同保举他做了代王。虽然地位没有其他王子那样显赫，但这恰好帮文帝躲过了吕后的迫害，幸运地活下来，于高后八年（前180年）即帝位。他以仁孝之名闻于天下，侍奉母亲薄太后从不懈怠。虽然他的身边侍从无数，但照顾母亲，他都尽量亲力亲为。薄太后身体不好，卧病三年，他常常目不交睫，衣不解带；薄太后所服的汤药，他都要亲口尝过后才放心让母亲服用。刘恒在位24年，重德治，兴礼仪，注意发展农业，使西汉社会稳定，人丁兴旺，经济得到恢复和发展。他与汉景帝的统治时期被誉为『文景之治』。

汉缇萦上书救父

淳于缇萦，西汉临淄人，著名医学家淳于意的女儿。淳于意为使自己专志医术，辞去官职，不营家产，长期行医民间，对王侯却不肯趋承。赵王、胶西王、济南王、吴王都曾召他做宫廷医生，他都一一谢绝了。因常拒绝对朱门高第出诊行医，被富豪权贵罗织罪名，送京都长安受肉刑。淳于意有五个女儿，淳于缇萦是其最小的女儿，她们跟在车后哭泣，淳于意怒道：『没有男孩子，到紧要关头就没有可用的人！』其幼女淳于缇萦毅然随父西去京师，上书朝廷说：『我父亲是朝廷的官吏，齐国人民称赞他廉洁奉公，现被判刑。我痛心的是人死不能复生，受刑致残也不能复原，即使想改过自新也不能如愿。我情愿自己在官府作奴婢来替父赎罪，使父亲有改过自新的机会。』汉文帝看到淳于缇萦的诉状，悲悯她的心意，于是赦免淳于意，并在当年废除肉刑。

蔡顺拾葚孝母亲

蔡顺，西汉末汝南（今属河南）人，他少年丧父，对母亲十分孝顺。当时正值王莽之乱，又遇饥荒，柴米昂贵。后来，赤眉军打到许昌，老百姓害怕军队抢掠，逃的逃，躲的躲。蔡顺讨饭都难了，母子俩有时一天也吃不到一口饭，只得靠拾桑葚充饥。一天，蔡顺正在拾桑葚，遇到赤眉军，赤眉军士兵问道：『为什么把红色的桑葚和黑色的桑葚分开装在两个篓子里？』蔡顺回答说：『黑色的桑葚供老母食用，红色的桑葚留给自己吃。』赤眉军怜悯他的孝心，送给他二斗白米，牛蹄一个，以示敬意。驻守在熊耳山上的赤眉军士兵们看到蔡顺如此孝敬母亲，不禁思念起家乡的亲人，也就不想再四处征战，都想回到父母身边，以尽孝道。于是，士兵们就在营寨旁的小河边洗掉眉毛上涂的红颜色，高高兴兴地回家了。因此，当地百姓管这条河叫『洗眉河』。

毛义捧檄不为官

毛义，字少节，东汉末庐江人。自幼丧父，与母亲相依为命。家境贫寒，很小的时候便为他人放牧，奉养其母。母病伺候汤药，曾割股疗疾，以孝行称著乡里，举为贤良。朝廷得知，檄封他为安阳县令。为了安慰母亲，毛义迎至临仙桥喜接檄文。时隔不久母亲病逝，朝廷派人前来看望，岂知毛义却跪拜于临仙桥上，将原赏封安阳县令的檄文双手捧还，『躬履逊让』，不愿为官。葬母后隐居山野。毛义有孝行且不贪利禄，世人称道，便改临仙桥为『捧檄桥』，并刻碑石记之。明万历年间，邑人又在捧檄桥西南地建毛公祠，春秋奉祀。当时，庐江县城如有谁家子女不孝，其街坊邻居便将他们带到毛公祠前，先讲上一段『毛义捧檄』的故事，再将他们领到捧檄桥下，令他们喝一口桥下河里的水，使他们洗净灵魂，改非悟孝。

廉范扶榇荡危舟

廉范，字叔度，东汉时杜陵人。父客死于蜀。廉范十四五岁时，接到父亲在外地去世的消息，悲哭不止，欲往蜀地移榇归葬。母怜其太幼，不许。廉范发誓非往不可。母亲见儿子决意要去，便为他筹措旅费，打点行装，使起程，并嘱咐：『一路小心，平安早归，免我悬望。』廉范拜辞母亲，徒步而行，风餐露宿，日夜赶路。至蜀后，访得其父停柩处所，急赴其处，伏哭哀痛。旁观的人都为他感动。于是刻日起柩，乘船返回，途中遇险，众水手急行捞救，始得无恙。及返家时，母亲已望眼欲穿，见儿子竟扶榇安然归来，又喜又悲。廉范将父柩安葬后，刻意求学，远近知名，州郡交聘。不数年，受某当道特荐，谓廉范有文武才，可任方面之寄，必能为国御侮。授云中太守。从廉范身上，人们看到了忠与孝的结合，所谓『求忠臣必于孝子之家』。

薛包洒扫回亲心

薛包，字孟尝，东汉汝南（今河南汝南县东南）人。自幼就很孝顺。母亲去世后，父亲又娶后妻。后母憎恶薛包，多次向其父说薛包的不是。父亲大怒，把薛包分出去到外面居住。薛包日夜在家门前哭泣，不忍远离父母。父亲更加愤怒，痛打薛包，把薛包打得遍体鳞伤。薛包迫不得已，才含悲离去，暂时在院墙外住下。到了第二天黎明，手拿扫帚进入院内打扫。父亲见了，喝令他出去。薛包于是就借同巷邻居的房子住下，每天仍然向父母行早晚问安之礼，像这样坚持了一年多。父母醒悟过来，又让他回家同住。后来父母先后去世，薛包悲痛万分。朝廷听说他贤德，特意用朝廷车马征他进京。薛包推辞，不接受任命，郡县官员一再催促，这才上路。进京以后，朝廷任命他为侍中。

竺弥雷震伏墓哭

竺弥，汉朝东海（今山东郯城）人。侍奉父亲很孝顺，受到乡人的称赞。他的父亲平时特别害怕听到雷声，每逢电闪雷鸣，就惊慌失措，双手捂住耳朵，又惊又怕地寻找藏身的地方。竺弥虽多方宽慰，无奈父亲害怕雷声就像无法根除的痼疾。竺弥十分忧虑，只有在父亲身边，随时护卫，让父亲安心。后来父亲患病，治疗吃药都不见效，竺弥日夜服侍，一刻也不离开。父亲去世后，他每天到父亲墓前哭祭，这种情况一直坚持很久而不懈怠。遇到电闪雷鸣的时候，他就急忙跑到父亲墓前跪地哭泣，连呼父亲，说：『父亲请安心，不必害怕打雷，有儿子和您做伴，父亲不必恐惧。』每当这个时候，就有白兔跟随在他身边，样子十分温驯，一直到他死都是这个样子。前人有句诗：『春庭昔日畏鸣雷，每值隆隆奔冢哭。』意思是说竺弥侍奉死去的父亲像生时一样。

金日磾甘泉泣画

金日磾，字翁叔，西汉甘州（今甘肃张掖）人，匈奴休屠王太子。其母阏氏主要用礼法教诲两个儿子。汉武帝对金日磾早有耳闻，非常敬重他。金日磾母亲去世后，汉武帝特意命画工把她的画像画到甘泉宫中，并题写『休屠王阏氏』。金日磾每次到甘泉宫，见到母亲的画像，就对画像哭泣不止。朝中人臣认为他对母亲的孝心很真挚。汉武帝病重的时候，金日磾和霍光一同受遗诏同辅朝政，封为秺侯。金日磾侍奉汉昭帝左右，数十年间目不斜视。昭帝把出宫之女赐给他，他不敢亲近。昭帝想纳他的女儿为妃子，他坚决拒绝，这足以证明他谨慎过人。史书还记载，汉武帝遗命封金日磾侯爵，金日磾因为昭帝年幼，所有的诏令都出自他和霍光之手，所以坚决不受封爵。金日磾受命辅佐幼主的时候，曾有『臣外国人，不如霍光，且使匈奴轻汉』这样的话，由此可知他深受母亲教诲的影响。汉武帝可以说是有识人之明。

黄香扇枕温衾席

黄香，东汉江夏安陆（今湖北安陆市）人，生于汉明帝永平年间，卒于安帝延光三年（124年）左右。黄香六岁就失去了母亲，他思念母亲极其哀切，乡人都称赞他的孝心。他年纪虽小，却做事不顾劳苦，服侍父亲竭尽孝顺。夏天酷暑炎热，黄香就用扇子扇凉枕席让父亲睡，冬天天寒地冻，就先钻进被窝温热被子再让父亲休息。黄香少年时即博通经典，文采飞扬，京师广泛流传『天下无双，江夏黄香』。黄香十二岁时，还被太守刘护召至门下，并表彰他的孝行。黄香后来曾拜为郎中，他勤于政事，忧公如家，喜欢推荐人才。汉安帝时，黄香任魏郡（今属河北）太守，遭遇水灾饥荒，他拿出自己的俸禄及所得的赏赐，赈济贫民，富裕人家受他的感召，也各出谷物帮助灾民，救活的人不计其数。黄香著有《九宫赋》《天子冠》等。

江革行佣供母亲

江革，东汉时期临淄人，少年丧父，侍奉母亲极为孝顺。当时，各地战乱不断，江革为了避乱，背着母亲弃家逃难。母亲年迈，腿脚不方便，江革就整天背着母亲奔波。一路上，江革为母亲讨水讨食，寻找住处，时刻惦记母亲的安全，全然不顾自己的饥饿和疲劳。逃难中，江革几次遇到匪盗，贼人不是要杀死他，就是要强拉他入伙。江革哭告：老母年迈，无人奉养。贼人见他如此孝顺，也不忍下手，都放过了他。后来，他流落到江苏下邳，做雇工赚取微薄的收入供养母亲。江革虽然非常贫穷，但他省吃俭用，把最好的物品拿来孝敬母亲。母亲日常生活中，吃的、穿的、用的，没有一样缺乏，母亲需要的，他都尽最大的努力替母亲办到。明帝的时候，江革被推举为孝廉，章帝时被推举为贤良方正，任五官中郎将。

茅容供鸡宾起拜

茅容，字季伟，东汉陈留（今河南杞县）人。靠种田来养活老母，供给母亲丰富的饮食。一天，他正在田间劳作，名士郭林宗路过这里，二人谈得十分融洽，茅容邀请郭林宗到他家住宿。做饭时，茅容杀鸡煮饭。郭林宗认为他是杀鸡待客。不料等饭做好后，茅容把鸡端给母亲，而是另外拿出山里的野菜和他共享。郭林宗对他肃然起敬，起身而拜，说：『您真是贤士啊！我家虽然不富裕，老母亲健在。但是以礼招待宾客时，还是要准备猪、牛、羊等食物，不敢单独孝敬母亲，让客人坐在一边。如今您竟然能够用丰盛的饮食供奉母亲，却拿山野蔬菜和我共餐。这足可以看出您的孝行是出于天性，不会因为招待客人而有所改变。我自愧弗如，您真是我的好朋友啊！』于是勉励他努力学习。后来，茅容因道德学问而著名，州县官员竞相聘请他出来做官，他都没有答应。而是读书乐道，当时人们都称他为高士。

董永卖身葬亡父

董永，相传为东汉时期千乘（今山东博兴县）人，少年丧母，后为躲避兵乱，随父亲迁居到安陆（今属湖北）。父亲病故后，董永没钱办丧事，只好卖身为奴。安葬了父亲之后，董永每天就给主家做工还债。一天，董永在路上遇到一位女子，自言无家可归，要与董永结为夫妇。董永想到自己一贫如洗，死活不答应。那女子说她不爱钱财，只爱他人品好。董永无奈，便带她回到主家。那女子昼夜不停地干活，只用了一个月的时间，就织了三百尺的细绢，还清了主家的债务。在他们回家的路上，行至一棵大槐树下，那女子向董永告别，说自己本是天帝之女，因为董永心地善良，被他的孝心所感动，遂下凡帮助他，言毕凌空而去。后来，这棵大槐树的所在地，得名孝昌，后又改名为孝感。

陆公纪怀橘遗亲

陆绩，字公纪，三国时期吴郡吴县（今江苏苏州）人，是我国古代的科学家。他六岁的时候，随父亲陆康到九江谒见袁术。袁术看到这个孩子很可爱，就让人拿出橘子给他吃。在袁术与父亲谈话时，小陆绩看着橘子，左思右想，自己却没舍得吃，而是悄悄地往怀里藏了两个。临走时，小陆绩起身施礼告辞，早忘了怀里的橘子，橘子滚落在地上。袁术嘲笑道：『陆郎来我家作客，走的时候还要怀藏主人的橘子吗？』小陆绩很不好意思，低着头，红着脸，回答说：『母亲喜欢吃橘子，我想拿回去送给母亲尝尝。』袁术见他这样小小的年纪，就懂得孝顺母亲，觉得十分惊奇。陆绩成年后，博学多识，通晓天文、历算，曾作《浑天图》，注《易经》，撰写《太玄经注》。

孟恭武哭竹生笋

孟宗，字恭武，三国时吴国江夏人，少年时父亲就去世了，母亲竭尽全力供养他读书，希望他能够成为一个有用的人。孟宗对母亲也是非常孝顺。一年冬天，母亲患了重病，几天都水米不进，医生也没有办法，孟宗十分焦急。后来，孟宗的母亲在昏昏沉沉中，忽然说想喝鲜竹笋汤。孟宗一听，连忙跑到竹林里，去给母亲采鲜笋。进了竹林，才想起来，时值严冬，大雪封山，哪儿有什么鲜笋。孟宗无计可施，想起母亲平日对自己养育的艰辛，而此时自己连一碗汤都不能给母亲喝，内心更加悲伤，不禁扶着身边的竹子哭泣起来。忽然，他听到地上开裂的声音，低头一看，只见地上长出数茎嫩笋。孟宗大喜，赶紧采回做汤，母亲喝了后，有了胃口，病也慢慢好了。孟宗后来也大有作为，吴永安五年（263年），任右御史大夫，宝鼎三年（268年）官拜司空。

王修哭母里罢社

王修是三国时期北海营陵人。七岁那年，母亲就去世了，母亲去世那天，正是乡里举行社祭的日子。第二年举行社祭的那天，王修因思念母亲痛哭不止，人们听后都感到心酸，决定停止社祭活动。王修二十岁到南阳游学，住在朋友张奉家，二人感情甚好。当时正值瘟疫流行，张奉全家都传染上了瘟疫，亲戚邻居没有一个过问的。王修却时刻看望，代为照料，直到张奉病愈才离开。张奉感激涕零，人们也都称赞王修。袁绍长子袁谭聘王修为治中别驾。袁绍死后，袁谭与弟袁尚为争夺权力而发兵相互攻击。袁谭屡吃败仗，王修率领官兵百姓来救。袁谭为了进攻袁尚，向王修求计。王修劝其罢战，袁谭不听，投降了曹操，与曹操一起进攻袁尚，后来又背叛曹操，曹操进击袁谭，在南皮将其斩首。曹操攻破南皮，一看王修的家产，谷米不满十斛，书籍却有数百卷，曹操念其清正，礼聘他为魏郡太守。

王伟元闻雷泣墓

王裒（bāo），字伟元，魏晋时期营陵（今山东昌乐东南）人。他自幼饱读诗书，学问、品行非常好。因为父亲王仪被司马昭杀害，王裒就带着母亲，将其父的灵柩运回家乡，隐居起来，自耕自食，并以教书为生。他终身不面向西坐，表示永不作晋臣。王裒对母亲百般孝顺。母亲生性害怕打雷，每当下雨打雷的时候，他便将门窗关得严严实实的，拉着母亲的手，绝不离开半步。多年后，王裒的母亲去世，他悲痛万分，将父母合葬一处，虔诚恭谨地守丧尽孝，每天早晚，都到墓前祭奠。他惦记着母亲怕雷的事情，每当刮风下雨的天气，一听到轰隆隆的雷声，他就跑到母亲坟前，跪拜安慰母亲说：『裒儿在这里，母亲不要害怕。』他教书时，每当读到《蓼莪》篇，就常常泪流满面，思念父母。

潘岳灌园养慈母

潘岳，字安仁，西晋荥阳中牟（今河南中牟）人。晋武帝亲自到籍田耕种，潘岳曾经作赋赞美，因此声名远播，被举荐为河阳令。赴任的时候，他奉老母到任职的地方，公务之余，亲手栽种多株桃树和李树。到了春天，姹紫嫣红，锦绣成林，人们因此称县衙为『花县』。春秋两季天气好的时候，他就让人用轿子抬着母亲出去游赏，自己则在轿子前，看着母亲说笑。母亲患病后，他毅然辞官，上司竭力挽留也没有用，众人也都被他的真情所感动。他回到家乡之后，写了一篇《闲居赋》，抒发自己的情怀。他曾经在宅院旁开了一个菜园，种了很多蔬菜，每天亲自浇水灌溉，蔬菜长成后拿出去卖，得到的钱都用来买食物供养母亲。他还养了一群羊，用羊乳作成乳酪，到年底拿来祭祀先人，供母亲享用。

王祥卧冰求鲤鱼

王祥，西晋时期琅琊（今山东临沂）人，生母早丧，继母朱氏多次在他父亲面前说他的坏话，使他失去父爱。但他内心从不记恨继母。父母患病，他仍旧衣不解带侍候。有一次，继母生病，想吃鲜鲤鱼。适值天寒地冻，河上冰层坚硬，他解开衣服，卧在冰上，要化开坚冰。忽然，冰层自行消融，水中还跃出两条鲤鱼，他赶紧拿回去孝敬继母。继母又想吃烤黄雀，但是黄雀很难抓，在王祥担心之时，忽然有数十只黄雀飞进他捕鸟的网中，王祥大喜，旋即又用来供奉继母。继母的病果然好转。到后来，继母年老去世，王祥十分悲痛，依礼安葬。王祥对其弟王览十分爱护，而王览对兄长也特别尊敬，兄友弟恭，远近闻名，时人把他们的居处称作『孝悌里』。王祥隐居二十余年，后从温县县令做到大司农、司空、太尉。

陶侃庐墓感鹤仙

陶侃，字士行，东晋浔阳（今江西九江）人。自幼丧父，家境贫穷。母亲湛氏教子有方，靠纺织供给儿子，让他和能力胜于自己的人交往。陶侃在县里做属吏时，监收鱼税，曾经把鱼干寄回家给母亲享用。母亲把鱼干封好退还给他，写信严厉批评他。名士范逵曾经来拜访陶侃，陶母把草席铡碎拿来喂范逵的马，又把头发剪下来卖了换酒，招待范逵。范逵知道后，感慨他们母贤子孝，举荐陶侃出任枞阳县令。东晋大臣陈敏作乱的时候，陶侃以江夏太守的身份率兵进剿，把官方的运输船作战舰用。有人认为不可这样。陶侃说：『使用官方的东西来讨伐乱贼，有什么不可的？』后来陶侃因母亲去世而离职，在母亲墓旁建一间茅屋，朝夕哭祭。忽然有两个人前来吊祭，衣服帽子都很古怪，吊祭完毕忽然就不见了。陶侃心中惊异，派人去找，只见有两只白鹤一起冲天飞去。原来是陶侃孝行感动了鹤仙。

赵至泣耕伤父劳

赵至，字景真，晋时山西代郡人，幼有至性，不同于其他儿童，乡里都称他『神童』。他十二岁时，一天，新县令到任，士民们都在道边观看，赵至也随母亲在一边观看。见县官被人们簇拥着，很威风，观者啧啧称羡。赵至笑着对母亲说：『有何不能？儿亦愿读书上进，藉慰母心。』第二天入塾就师读书，正在执卷诵读时，忽然听到父亲在田间耕作，吆喝牛的声音连续不断，就把书放在案上。塾师问他怎么回事，赵至哽咽着说：『弟子悲泣是因闻声伤情，故不觉废书而悲。』塾师惊异地说：『刚才听到什么声音，至于这样悲痛？』赵至继续说：『弟子自愧年幼，不能有所建树，致使老父亲尚不得安享温饱清闲之福，每日劳苦农事。刚才闻声伤情的，正是因为听到父亲叱牛的声音，不禁悲从中来。』塾师大加赞叹：『这孩子将来必成大器。』赵至成年后，游学于洛阳，受学于中散大夫嵇康，成为一代通儒。

杨香扼虎救父亲

杨香，晋朝顺阳人（今河南淅川县东南），杨丰（有说即三国时期改名杨丰的游侠杨阿若）的女儿。她很小的时候，母亲去世，父亲把她拉扯成人。杨香是在跟随父亲的漂泊中长大的，生活的困苦和艰辛，锻炼了杨香坚毅的性格。她年纪虽小，却心地善良，懂事早。她知道父亲抚养自己不容易，既当爹又当娘，吃了很多苦头。因此，她对父亲非常孝顺，可以说是关心备至，体贴入微。她十四岁那年，跟随父亲到田间割稻。正在埋头劳作时，忽然一阵腥风吹来，杨香抬头一看，林中窜出一只猛虎，一下子把正在田边的父亲扑倒了，叼着就往林里走。杨香把自己的生死置之度外，完全忘记了与老虎力量的悬殊，为救父亲，她拔腿追上去，扑到老虎身上，用尽全身气力死死扼住猛虎的咽喉，猛虎摇头摆尾摆脱不掉，最终只好放下杨香的父亲跑掉了。

顾恺之为母画像

顾恺之，字长康，小字虎头，是东晋无锡人，著名画家。他的父亲当过朝廷官员，后来辞官不做，隐居家中。顾恺之刚一出生，母亲就去世了。懂事以后，每当见到别的孩子都有母亲爱护，他就感到孤单，常常问父亲：母亲在哪里？父亲觉得该让孩子知道真相了，就把母亲去世的经过告诉了顾恺之。得知母亲已经永远离开了人世，顾恺之不由得放声大哭起来。从此以后，顾恺之变得沉默寡言，心中反复描绘着母亲的模样。他不止一次地问父亲：母亲的脸长得啥样，身材长得啥样。父亲耐心地告诉他后，他又去问奶奶。就这样，母亲的形象渐渐清晰起来。八岁时，他学着画母亲，画完一张又一张，画了又改，改了又画。花了半年时间，终于画成了一张母亲的全身像。奶奶和父亲看后，都说：『像，真像你的母亲！』二十岁时，顾恺之已是颇有名气的画家了。当别人问他拜谁为师时，他的回答是：『我的母亲是一直活在我心中的老师。』

何叔度推爱姨母

何叔度，南朝宋潜（今安徽霍山东北，一说即潜水，在今湖北）人。小时候就做事诚实持重，受到乡里父老的称赞。当初，叔度的母亲在娘家时与妹妹感情很深，形影不离。叔度的母亲出嫁以后，其姨母也嫁人了。虽然已经各自成家，但姊妹二人的情感还像未出嫁时一样，相互往来赠送不断。有时母亲到姨母家，有时姨母来叔度家，姊妹二人同吃同住。叔度的母亲见不到妹妹不高兴，其姨母见不到姐姐也高兴不起来。叔度的母亲病了，所需要的一切，都由姨母主持。姨母日夜不得休息，吃饭也不香。母亲临死前嘱咐叔度说：『你的姨母与我是同胞姊妹，相亲相爱。我死之后，你能像侍奉我那样侍奉姨母，我就可以瞑目了。』叔度哭泣着答应了。自此以后，叔度侍奉姨母就像侍奉母亲一样，非常孝顺。姨母对叔度，也像对亲生儿子一样。后来姨母病死，叔度悲痛得就像母亲去世一样哭泣。

朱百年痛母断绵

朱百年是南朝宋会稽山阴人，自幼高情雅致，居家侍奉双亲。双亲去世，他服丧三年后，携妻子进入会稽南山中，以采药砍柴为生。他把药材和木柴放在道路上，让人取用。众人起初都感到奇怪，时间久了才知道是朱百年所放，取用者根据需求多少取用药材或木柴，留下钱而去。当时有人写了一首诗歌，赞美朱百年。朱百年家本贫寒，母亲是在冬天去世的，入殓时没有丝绵。从此以后，朱百年便不再穿丝绵，以示不忘母亲。数九严寒，北风呼啸，雪花飞舞。朱百年夜访好友孔颐，与之长谈，醉酒而卧。孔颐见他还穿着单衣，就拿被子给他盖上。朱百年醒来后，自己把被子掀去，想起母亲，痛哭流涕，悲恸不已。后来，朱百年死于山中。

花木兰代父从军

花木兰，是北魏时巾帼英雄，曾代父从军，唐代皇帝追封她为『孝烈将军』。北魏时期，北方游牧民族柔然族不断南下骚扰，北魏政权规定每家出一名男子上前线。但是木兰的父亲年事已高又体弱多病，无法上战场，弟弟年龄尚幼。木兰决定替父从军，开始了长达十几年的军旅生活。去边关打仗，对于很多男子来说都是艰苦的事情，而木兰既要隐瞒身份，又要与伙伴们一起杀敌，比一般从军的人更加艰难。花木兰最终完成了自己的使命，十多年后凯旋。皇帝因为她的功劳大，赦免其欺君之罪，同时认为她有能力在朝廷效力，让她在朝廷做官。然而，花木兰以家有老父需要照顾拒绝了，请求皇帝让自己返乡，去补偿和孝敬父母。《木兰诗》被编入中学课本，被千千万万的人世代诵读。花木兰的事迹和形象被搬上舞台，长演不衰。

庚子舆孝感退水

庚子舆，字孝卿，南朝梁南阳新野人。父棫，有孝行，曾任太守，以清廉著名，士民爱之。及罢职还家，依然寒素，妻子犹自任井臼洒扫工作。太夫人喜听鹤鸣，棫为承欢起见，百计求之，不能得。一日，忽有双鹤自空中飞鸣而下，盘桓不去。人们认为是为孝行所感。子舆年幼即很聪颖，和平常的儿童不一样。五岁时，读《孝经》，手不释卷。及后，父棫再起用为巴西太守，上任时间不长，就病死在任上了。子舆奉丧归，路过巴东，那地方有滟滪石、瞿塘大滩。时值夏秋之交，江水正涨，舟行之次，四望银浪翻空，波涛掣练，碧天与绿水接色，孤舟共漂萍荡浮。船上的人都非常害怕，认为这回难免遭遇凶险了。子舆却安坐舟中，叩舷长啸，声音琅琅可裂金石，水竟为之减退，使船安然渡过。既过，水涨如故。古时有人作诗吟咏：『滟滪如堆本不通，瞿塘水退为庚公。』

吉翂叩阙免父罪

吉翂（fēn）是南朝梁人，自幼极有孝心。他的父亲任厚乡令之职，廉洁公正，从不阿谀逢迎，引起上官的不满，被加以莫须有的罪名而撤职查办，押往京城关入牢狱，并将被斩首。当时吉翂只有十五岁，却深深为父亲含冤而愤怒，慨叹道：父子本是一体，父亲有危难而不能解救，做儿子的还有何用！于是长途跋涉来到京城，在皇宫前击鼓跪叩，请求代父亲而死。梁主萧衍见其年幼却有如此胆量，疑心是受他人指使，便派廷尉卿蔡法度询问吉翂。吉翂毫无惧色地回答：『我虽年幼，但也知死的可怕、生的快乐。代父而死这等大事，何需他人指使？』蔡法度以为吉翂没有说实话，又和颜悦色地诱哄吉翂，吉翂仍是心意坚决。蔡法度将情况禀告梁主，梁主惊叹此儿乃大孝子，便下令诏赦吉父之罪，还表彰了吉翂的孝行，父子二人回归故里，乡人无不争相传告，对吉翂的孝父之举更是赞不绝口。

狄仁杰心随云飞

狄仁杰，字怀英，并州（今山西太原）人，是唐代政治家，也是有名的孝子。据史书记载，狄仁杰担任并州司法参军的时候，父母都在河阳。狄仁杰思亲之情与日俱增，常常因不能与双亲朝夕相伴而伤感叹息。一天，狄仁杰与友人登太行山，抬头望见一片白云孤独地飘浮于空中，便对友人说：『这片白云之下即是我父母所居之处。』他痴立云下惆怅不止，泪流满面，直到那片浮云飘远，才黯然下山。与狄仁杰共事的郑崇质奉命将赴边关任职，狄仁杰以郑母年老多病为由，向长史蔺仁基请求代为赴任。长史钦佩他的侠士之风，便免了郑崇质的远行之役。后来，狄仁杰担任同凤阁鸾台平章事，成为宰相。武则天称帝后，改国号为周。狄仁杰再次拜相，他身虽仕周，心不忘唐，常与众多有识之士共商再造唐室之大业。他犯颜直谏，力劝武则天立庐陵王李显为太子，使得唐朝社稷得以延续。

孙思邈医治双亲

孙思邈是唐朝京兆华原（现陕西铜川市耀州区）人，著名医学家，被后人誉为『药王』。他出生在一个贫困家庭，父亲是个木匠。七岁时，父亲得了夜盲症，母亲患了粗脖子病。看到父母因为疾病而痛苦，孙思邈萌发了当医生治病救人的心愿。他先去一家药铺当学徒，一边学习文化知识，一边学习医术。四年的时间，终于有所成就，可以独自行医了。孙思邈回到家乡，开始给乡亲们治病。他行医不贪财，对病人非常同情，总是尽自己最大的能力治疗病人。他听说太白山里有一位叫陈元的老郎中有真本事，就又去太白山拜陈元为师。在陈元那里，孙思邈学到了治粗脖子病的秘法。可是如何才能治好父亲的夜盲病呢？孙思邈苦苦地思索着。他翻看了大量医书，终于有了重要发现：肝开窍于目。孙思邈马上收拾东西回家，用这个方法给父母治病。父亲的眼睛很快能在夜间看见东西了，母亲的脖子也恢复了正常。从此，孙思邈更加刻苦地钻研医药知识，终于成为一代『药王』。

杨乙行乞养双亲

杨乙，唐代圩桥（今江苏常州武进区）人。家徒四壁，只得靠讨饭奉养父母。每天讨来的饮食，一定要带回家供奉父母。父母若是没有吃，他即使是饥饿难忍，也不敢先尝一口，一定要等父母用过之后，自己才敢食用。如果讨来的有酒，就一定要双膝跪地，双手捧给父母，等父母一起举杯共饮，然后站起身，边跳舞助兴边唱歌，让父母高兴。后来，父母相继去世，杨乙乞讨募得棺木。杨乙脱掉自己身上的衣服，殓葬父母。他把父母薄葬在野外，自己露宿在坟墓旁日夜哭泣，悲声不绝，每年按时祭奠。后来，忽然无意中发现墓地旁有异常，心想：是不是盗贼夜里埋的赃物在里面呢？于是就挖开来看，赫然发现一窖黄金，上面写有六个大字『天赐孝子杨乙』。杨乙向天叩拜，拿这些钱重新安葬父母，剩余的钱置办田产盖了房屋，从此成为一个富翁。

崔山南乳姑不怠

崔山南，名琯，字从律，唐代博陵（今属河北）人，官至山南西道节度使，人称『山南』。当年，崔山南的曾祖母长孙夫人年事已高，牙齿也脱落了。长孙夫人的儿媳，崔山南的祖母唐夫人对婆婆十分孝顺，每天都亲自为婆婆仔细地梳头、盥洗，还搀扶她上堂。看到婆婆没有牙齿，吃不下饭，就用自己的乳汁喂养婆婆。如此数年，长孙夫人不再吃其他饭食，身体依然健康。后来，长孙夫人病重，全家人围在床前，十分悲伤。长孙夫人却吃力地摆手，示意大家不要哭。她语重心长地嘱咐全家大小说：『我能有今天这样大的年纪，多亏新妇的照料，我无以报答新妇之恩，但愿新妇的子孙媳妇也能像她孝敬我一样孝敬她。』后来崔山南做了高官，果然像长孙夫人所嘱，孝敬祖母唐夫人。

卢氏护姑冒白刃

卢氏，是唐朝人郑义宗的妻子，幽州范阳人。自幼深明礼义，嫁到义宗家后，对全家长幼都照顾得十分周到，对义宗的母亲更是克尽妇职。所以郑家人没有不称赞新媳妇贤惠的。一天夜里，忽然有几十个劫匪举着火把，拿着武器，翻墙进院。家里人都从睡梦中惊起，看到满院都是用手帕包头、手里拿刀的凶汉，就不顾一切地逃命。只有义宗的母亲因年老体弱，举步艰难，还没有出屋。卢氏怕劫匪伤害婆母，就冒死跑到婆母房里，陪在她身边。匪徒把她打得体无完肤，昏倒在地。恰好外边营救的人赶来，众匪徒才呼哨着散去。劫匪离开之后，家人都回来了，问卢氏为什么不逃走。卢氏说：『人与禽兽的不同之处，是人知道仁义。平时邻里有什么急事，还要出手援助呢，哪能把婆母弃之不顾呢？要是万一遭到什么伤害，我作儿媳的还有什么脸面独自活在世上呢！』众人都叹服。

黄庭坚涤亲溺器

黄庭坚，北宋分宁（今江西修水）人，著名诗人、词人、书法家。英宗治平四年（1067年），黄庭坚二十三岁时考中了进士，他秉性至孝，自小侍奉父母极真诚而且无微不至。元祐年间，他又做了太史官。虽然公务十分繁忙，黄庭坚依旧亲自照顾父母的生活点滴。黄庭坚的母亲有特别爱卫生的习惯，黄庭坚为了让母亲身心安稳，避免母亲因为仆人的卫生清洁做得不好而心生烦恼，他就坚持每天亲自为母亲刷洗便桶，数十年如一日，从不间断。对此，很多人感到不解。特别是他做了朝廷的高官之后，仆从成群，却还是这样做。有人问他原因，黄庭坚回答说：『孝顺父母是我的本分，同自己的身份地位没有任何关系，怎能让仆人去代劳呢？再说孝敬父母的事情，是出自一个人对父母至诚感恩的天性，又怎么会有高贵与卑贱的分别呢？』

朱寿昌弃官寻母

朱寿昌，字康叔，宋代扬州天长（今安徽天长市）人，其父朱巽是宋仁宗年间的工部侍郎。朱寿昌七岁时，生母刘氏被嫡母（父亲的正妻）嫉妒，改嫁他人，从此母子分离。朱寿昌长成之后，荫袭父亲的功名，出而为官，颇有政绩。然而一直未得与生母团聚，思念之心萦萦于怀。期间，他四处打听生母下落，皆无音讯，为此他烧香拜佛，并依照佛法，灼背烧顶，以示虔诚，又刺血书写《金刚经》。宋熙宁初年，他得到消息说母亲可能流落到陕西一带，于是干脆辞官，到陕西寻找生母。精诚所至，朱寿昌终于在同州找到生母。此时，老母已七十有余，朱寿昌也年过半百。原来，生母刘氏离开朱家以后，改嫁党氏，又有子女数人，朱寿昌视之如亲弟妹，全部接回家中供养。有人将朱寿昌弃官寻母之事上奏宋神宗赵顼，此事从此天下流传，王安石、苏轼都有诗赞美他。

寇莱公思亲罢宴

寇准是北宋政治家、诗人、宰相，曾封莱国公，因此人称寇莱公。他五十寿诞时，臣僚部属都备好各种礼品，车水马龙般赶来为他祝寿。他自己也在家里张灯结彩，备下山珍海味，大摆宴席招待宾朋。他家女佣刘婆见状，想起寇母临终嘱托，忙将寇准叫入内室，拿出其母所画《孤灯课子图》给他看。画中，寇准在松油灯下读书，其母在一旁织布。上有题诗曰：『孤灯课读含苦辛，望尔修身为万民。勤俭家风慈母训，他年富贵莫忘贫。』寇准望画，想起当年孤儿寡母的艰苦日子，母亲含辛茹苦，不避艰险，终将自己培养成人的经历，顿时泪流满面。遂『辞宾客，停歌舞，罢宴席』。经历此事，寇准再次感受到一生一世、一丝一毫也不能放松对自己的管束。在母亲遗训的勉励下，寇准秉公从政，报效国家，最终成为一代名相。

范仲淹忧乐天下

范仲淹是北宋思想家、政治家、文学家。他出生的第二年，父亲范墉因病去世。迫不得已，母亲谢氏改嫁给新丧妻室的平江府（今苏州）推官朱文翰。从此，范仲淹改名朱说，随继父为官生涯漂泊在外。范仲淹『少有大节』『有志操』。继父去世后，偶然因与朱家兄弟争执，发现了自己的身世。惊愕之余，他决心脱离朱家，自立门户，『故期十年登第来迎亲』。大中祥符八年（1015年）春，他以不懈的努力通过科举考试，成为进士。于是范仲淹『登第来迎亲』，次年，把母亲接到宁陵职田赡养，并把同母异父朱氏兄弟也一同接来管理职田。天圣四年（1026年），母亲谢氏病故，『性至孝』的范仲淹葬母于宁陵之后，按制守孝三年。范仲淹忠孝两全，政绩卓著，文学成就突出。他倡导的『先天下之忧而忧，后天下之乐而乐』思想和仁人志士节操，对后世影响深远。

包拯辞官孝父母

包拯是北宋名臣、中国历史上有名的刚正不阿的政治家。少年时便以孝而闻名，性直敦厚。宋仁宗天圣五年（1027年），二十八岁的包拯中了进士，先任大理寺评事，后出任建昌（今江西永修）知县，因为父母年老不愿随他到他乡去，包拯便马上辞去官职，回家照顾父母，他的孝心受到了官吏们的交口称颂。几年后，父母相继辞世，包拯这才重新踏入仕途。这也是在乡亲们的苦苦劝说下才去的。父母不愿意随儿子去做官的地方养老，这在封建时代是很少见的，因为这意味着儿子要遵守封建礼教的约束——辞去官职照料自己。史书上并没有说明具体原因，可能是父母有病，无法承受路上的颠簸，包拯这才辞去了官职。不管情况如何，包拯能主动地辞去官职，说明他并不是那种迷恋官场的人。正因为纯真的孝心，包拯才能做到为官铁面无私，清正廉洁。

欧阳修阡表明志

欧阳修是北宋政治家、文学家，『唐宋八大家』之一。他出身仕宦家庭，他四岁时，父亲去世，『母郑氏守节自誓，亲教修读书。家贫，至以荻画地学书』。郑氏不断给他讲如何做人的故事。她告诫儿子说：对于父母的奉养不一定十分丰盛，重要的是要有一个孝心。自己的财物虽然不能布施到穷人身上，但一定要心存仁义。我没有能力教导你，只要你能记住你父亲的教诲，我就放心了。母亲的谆谆教导激励欧阳修成就了一生的功业。他为官清正，也从不忘孝敬为自己备尝艰辛的母亲。皇祐五年（1053年），欧阳修的母亲病逝于南京，他将母亲遗体运送故乡安葬。为追悼母亲，欧阳修写下《先妣事略》，字里行间无不透出母子的绵绵深情。此后又在他父亲死后六十年写下《泷冈阡表》，盛赞父亲的孝顺与仁厚、母亲的俭约与安于贫贱，被誉为中国古代三大祭文之一。

韩琦定两朝国策

韩琦是北宋政治家、词人。他三岁时父母去世，由诸兄扶养，『既长，能自立，有大志气。端重寡言，不好嬉弄。性纯一，无邪曲，学问过人』。因父母早逝，韩琦对孝道有着深刻的体会，常以此勉励世人，甚至劝谏皇帝。英宗即位之初，因病由太后曹氏垂帘听政，宦官进谗言导致两宫嫌隙萌生，关系紧张。为了调解两宫，韩琦从孝道入手，认真给宋英宗做工作，花费了不少精力。韩琦劝慰英宗：『自古圣帝明王，不为少矣。然独称舜为大孝，岂其余尽不孝耶？父母慈爱而子孝，此常事不足道；惟父母不慈，而子不失孝，乃为可称。但恐陛下事之未至尔，父母岂有不慈者哉。』从此以后，两宫关系渐渐缓和。治平元年（1064年）五月，英宗病愈，在韩琦的劝说催促下，太后终于撤帘还政。韩琦病逝后，神宗御撰墓碑：『两朝顾命，定策元勋』，配享英宗庙庭。

韓琦兩朝定國策
丁酉秋
畫

王安石《将母》道情

北宋政治家、改革家、文学家和诗人王安石之母亲吴氏为抚州金溪人，好学强记，天性慈让，安贫乐道，乐天知命，待人至厚，自奉甚薄。王安石十九岁丧父之后，作为续弦，吴氏对前房所遗二子安仁、安道的爱甚至超过了对自己亲生儿子的爱，以至于后来子孙长大成人，根本不知道她是后母。尽管家中不富，她却对前来投奔自己的穷亲贫友解衣推食，毫不吝惜，虽然因此弄得自家衣食不继，仍然毫无怨色。吴氏对王安石的成长影响巨大，他事母至孝，考中进士后就一直在异地为官，曾写下《将母》诗：『将母邗沟上，留家白邗阴。月明闻杜宇，南北总关心。』讲述了母亲与自己相隔，母亲留守在家孩子漂泊在外，十五月亮伴随着杜鹃的声音，空旷而寂寥，夜深时期思母心切，不管多远的距离牵挂犹在，寄托对母亲的思念之情。

宗泽劝孝抗金兵

北宋抗金名将宗泽，天资聪慧，从小在父亲教导下，勤奋好学，打下了良好的文化基础。他悉心求学，研读『古人典要』，特别推重孝道。靖康之变后，他以此教导宋高宗赵构：『圣人爱自己的父母并推及别人的父母，所以教人孝；尊敬自己的兄长并推及别人的兄长，所以教人悌。陛下应当与忠臣义士合谋进行讨伐，以迎回徽、钦二圣。现在太上皇居住的龙德宫依然如旧，只有渊圣皇帝没有宫室，希望改修宝宫以作为迎回渊圣皇帝后的居住之所，使天下人知道陛下对父亲孝顺，对兄长贤悌，这是以身为教。』宗泽先后上了二十多道奏章，请求赵构回京，每每被黄潜善等人所阻碍，忧愤成疾。临终前对诸将说：『我因徽、钦二帝遭受不幸，忧愤成这样。你们如能够消灭敌人，则我死而无恨。』建炎二年（1128年）七月十二日，宗泽最后连呼三声『渡河！渡河！渡河！』怀着悲愤的心情溘然长逝。

宗泽勤孝

李纲忠孝为社稷

宋抗金名相李纲的母亲名叫吴彦钦，李纲之父李夔曾任大宗正丞、太常少卿。李纲从小受到父母，特别是有着理学修养的大舅父吴彦申严格的教导，对忠孝之道自幼有着深刻体会，他说：尧舜之道，孝悌而已。李纲的母亲逝世之年，作为长子的李纲只有十九岁。由于大舅父吴彦申与当时『师事二程』、对传播理学有很大影响的理学家杨时素有交情，故由舅父请杨时为其母撰写了一篇感人的《令人吴氏墓志铭》。李纲事母至孝，母亲下葬时，曾手书释氏《妙法莲华经》七卷置于棺椁中。庐墓时，又曾『手植松柏数十万』。宣和三年（1121年）五月十七日，李纲之父李夔病故，当时李纲三十九岁。他于当年八月将父亲的灵柩运至无锡，和母亲同穴下葬。李纲后来为社稷生民安危，有效地组织了东京保卫战，屡次击退金兵。其忠孝节义在士民中赢得了很高的威望。

李

岳飞尽忠报国家

著名民族英雄、抗金将领岳飞，小时侯家里非常穷，母亲用树枝在沙地上教他写字，还鼓励他好好的锻炼身体。岳飞勤奋好学，不但知识渊博，还练就了一身好武艺，成为文武双全的人才。当时，北方的金兵攻打中原，岳母鼓励儿子报效国家，并在他背上刺了『尽忠报国』四个大字。孝顺的岳飞不敢忘记母亲的教诲，每次作战时，岳飞都会想起『尽忠报国』。由于他勇猛善战，取得了很多战役的胜利，立了不少功劳，名声也传遍了大江南北。岳飞还建立起一支纪律严明、作战英勇的抗金军队——『岳家军』。『岳家军』的士气让金军闻风丧胆。金兵统帅长叹道：『撼山易，撼岳家军难！』于是勾结秦桧，诬告岳飞谋反，将他关入监狱，以『莫须有』的罪名将岳飞害死。岳飞死时只有三十九岁，即使在死的那一刻，也没有忘记母亲『尽忠报国』的教诲。

周雄纯孝嘉四朝

周雄是南宋孝道文化的继承者和发扬者。他是富阳渌渚人，从小受父母正确教导，具有高尚的道德品质，学馆读书聪慧过人，遇事明理，乐于助人。由于瘟疫夺走父亲生命，周雄少年便与母相依为命，立志攻读医书，学艺济世。成年后不畏艰辛救危扶困。事母恪尽孝道，母病日夜护理，为母三九严寒冰天雪地破冰捕鱼。为治母病到处奔走探方药。一次经商衢州，行船未达，突感心惊肉跳，只怕母亲病发，明香亮烛对天祈祷，愿减己年以增母寿。随后他离船抄旱路回到家中，见母亲已奄奄一息。遂日夜伴随，精心护理，更进药汤，母亲渐渐病愈。周雄在人生短暂的二十四度春秋中，尽心尽力孝敬母亲，事迹感人，声名远播。浙江、江苏、江西等省都为他建庙立祠，成为后人的榜样。历史上，宋、元、明、清六位皇帝十一次对周雄封赐嘉奖，成为中华民族孝德文化的代表之一。

文天祥寻父应对

南宋民族英雄文天祥，出身贫寒，父亲文国斋是个穷困潦倒的秀才，曾从家乡庐陵飘泊到澄江教书谋生。有一年秋天，深受孝道影响的少年文天祥寻父来到江阴，村上有位黉门秀士见是私塾先生的儿子，想试试他有无才华，先出了句谐联要文天祥应对：『出阁闺女哭是笑。』熟读诗文的文天祥知道这是一副反语联的上句，于是拱手应道：『落第举子笑乃哭。』他对得十分工整。围观的村民和秀才无不称妙。村民见他如此敏捷，料想他日后非是等闲之辈，就集资供他衣食，免费入学，由于文天祥勤奋好学，二十岁随父前往临安应试。在殿试中，他作『御试策』切中时弊，提出改革方案，表述政治抱负，被主考官誉为『忠君爱国之心坚如铁石』，由理宗皇帝亲自定为六百零一名进士中的状元。

刘因清节垂千载

元代著名理学家、诗人刘因，字梦吉，号静修，雄州容城人。刘因父祖皆为金朝人，故他自视为亡金遗血。元灭南宋，他屡作哀宋之文，思想感情与元朝一直格格不入。刘因家境贫寒，经常家无余粮，手无余钱，但他仍能安贫乐道，不苟合于世，也不乱结交朋友，不义之财更是一分不取。元世祖至元四年（1267年），父亲刘述病逝，经济更加窘迫，无力安葬，刘因无奈之下写信给父亲的好友翰林待制杨恕，在其资助下才得以完成丧事。刘因在父亲、祖父去世后，侍奉继母非常孝顺。刘因的学问品行引起朝廷注意，至元十九年，有诏书征刘因。提拔不久，因为母亲生病而辞职回家。第二年，其母去世，又为母亲服丧。至元二十八年，朝廷下诏并派使者，用集贤学士、嘉议大夫的职位征召刘因，他以疾病为由拒绝。刘因的至孝纯情，清高气节，受到世人敬仰。

丁酉秋

刘谨万里寻父亲

刘谨是明朝浙江山阴县人。洪武年间，刘谨六岁的时候，父亲被朝廷征调到云南戍边，家中剩下母子二人相依为命。刘谨挂念远在边疆的父亲，每天早晚都面向西南方向跪拜。十四岁那年的一天，刘谨忽然告知母亲：天下岂有无父之子，云南虽有万里之远，也要前去寻找父亲。母亲以其年幼，不堪长途跋涉的辛劳而加以阻止，可他心意已决，备好行装就起程，走了六个月才到达云南。他来到一家旅店，正向众人讲诉自己到这里的目的时，父亲竟刚好路过店前，惊呼：『我儿。』刘谨也认出父亲，父子二人抱头痛哭。刘谨见父亲年老多病，请求代父服役。因未满十六岁，上方不准。刘谨救父心切，又返回家中，与母亲一起变卖家中产业，凑足银两再次远行，为父赎罪，终将老父接回故里，从此家人团聚。此后刘谨侍父终身，孝名世代传颂。

李德成暖冰思母

元朝末年，易州涞水县的李德成幼年丧父，与母亲相依为命。十二岁的时候，母亲为逃避强盗，投河自尽。李德成思念慈母，经常会情不自禁地流泪。后来，他想到了一个纪念母亲的好办法：捏了土，做成母亲的塑像，每日祭奠，就连一日三餐也照常侍候着『泥』母亲，就像对待活人一般。有一天晚上，李德成梦见自己的母亲掉进冰河里去了，赶紧想拉她，可为时已晚。第二天醒来后，李德成将自己的梦境告诉了妻子王氏，两人一合计，觉得梦中之境很像三百里外的一条大河。当时正值隆冬季节，李德成顾不得天气的恶劣，与妻子王氏一起步行赶到那条与梦境中一样的大河边，看到厚厚的冰雪，夫妻俩二话没说就脱掉衣服，用身体开始暖冰，整整暖了七天七夜，冰终于被融化了。周围的乡亲闻讯后纷纷赶来，不停地夸赞着李德成夫妇的孝行，由此李德成也就成了『孝行』名人。明太祖朱元璋闻听了李德成的动人故事后，下诏旌表李家为『孝行之门』。

谢定柱击虎救母

谢定柱是涞源县牌坊村人。明永乐十二年（1414年），谢定柱十二岁的时候，家里丢失了耕牛，父母很是焦急，到处寻找。他和弟弟与母亲一起，寻至村子西面。忽听一阵狂风呼啸，一只眼睛上翘、额头白色的老虎从树林中跃出，朝他们扑了过来。母亲急忙抱起幼子，吓得倒在地上。谢定柱却临危不惧，挥舞牛鞭，迎上前去。老虎一纵身，谢定柱躲了过去。猛虎急了，大吼一声，用尾巴向他打来，谢定柱急忙跳开，并趁猛虎转身的那一霎间，举起牛鞭，运足力气，朝虎头猛打下去。猛虎被吓跑后，谢定柱扶起母亲，接过弟弟，向村子里走去。猛虎悄悄地跟在身后，又追了上来，谢定柱奋不顾身，用石块猛击，猛虎方才悻悻离去。母子三人均没有受伤。侍郎霍方听说后，便向朝廷上书此事，明成祖召见了谢定柱，亲自过问，嘉奖其孝勇，赐给了钱粮，并在县城建立一座牌坊，取名『谢孝子坊』。

吴璋全孝感后人

明代孝子吴璋，南直隶苏州府吴江（今属江苏）人。幼年丧父，由母亲抚养成人。永乐二十一年（1423年），诏选天下节妇，给役内廷，母亲陆氏名列簿册。宣德四年吴璋之母随淮王之国到广东韶州。吴璋当时年幼，成年后奔走寻母，找到韶州，淮王又移封到了江西饶州，吴璋四处跟随，但碍于宫禁制度，不允许他母子相见。过了二十多年，正统十一年（1446年）淮康王嗣位，怜悯吴璋多年来苦苦哀求，而且吴母也垂老生病了，允许见面。吴璋割股疗亲，将濒死的母亲救活，淮王感动，释放其母归乡，但吴母病重，出宫后三日就死在旅舍，吴璋负遗骨归，置于舟中。行至江中遇大风，母亲骸骨不慎落江，吴璋立刻跃入江中，抱母骸骨浮于水面。得同舟者相救，其母骸骨得归故土。吴璋葬母骸骨于先祖之墓，朝夕展拜，感动路人。后人赞道：寻亲廿载，迎母令终。负骨归葬，曰全孝翁。

海瑞寿母清名扬

明代清官海瑞，出生于一个没落的官僚家庭。四岁丧父，与寡母相依为命，在四十五岁时候出任浙江淳安县令一职。《明史》记载海瑞在淳安任上有一件非常著名的买肉事件，历来将它作为海瑞贫穷的依据：在浙江淳安当知县的时候，穷得要靠自己种菜自给，一年到头吃不上肉。有一年海瑞的母亲过生日，海瑞买了二斤肉，又书写狂草『寿』字作为礼物，草书写成的『寿』是由『生』『母』『七』『十』四字组合而成，这寿字倒过来也仍然是个『寿』字，这不仅让人感叹海瑞书法的俊逸雄健，刚柔并济，别具匠心。这个消息居然传到了总督胡宗宪耳朵里。第二天，总督发布新闻说：『昨天听说海县长给老母过生日，买了二斤肉！』海瑞，为官清正，生活简朴，深得当地百姓厚爱，清名远扬。

清名远扬图

王阳明反躬论孝

明明代思想家王阳明在江西为官时，庐陵县有父子俩打官司，请王阳明裁断，王阳明予以审理，没等王阳明把话讲完，父子俩就抱在一起恸哭，和好离去。其弟子柴鸣治进来问：『先生讲了什么话，让他们这么快就悔悟了？』王阳明说：『我说舜是世上最不孝的儿子，瞽叟是世上最慈爱的父亲。』鸣治请问缘由。王阳明答：『舜常常以为自己不孝，所以才能做到孝。瞽叟常常以为自己最慈爱，所以不能做到慈。瞽叟只记得舜是他养育大的，现在为什么不能令自己开心，他不知道自己的心已被后妻改变了，却还认为对舜很慈爱，所以不能做到慈爱。舜一心想着父亲养育我时如何爱我，现在不爱我，是因为我不能尽孝，时刻反思自己不能尽孝的地方，所以能做到孝顺。后来瞽叟回心转意，不过是回复他心中原本的慈爱本体而已。所以后世称赞舜是大孝子，瞽叟也成了慈爱的父亲。』

赵仁行佣奉母像

赵仁是明朝浙江归安人，在他一岁的时候，父亲就死了。母亲苦守贞节，抚育孤儿，但是，世情势利，俗态炎凉，既没有叔伯体恤，又没有兄弟帮助，家中也没有积蓄，无法生活。赵仁与母亲常常是连野菜也吃不饱，粗布衣服不能蔽体。母亲没明没黑地为人家缝洗衣裳，赚几个小钱，以救燃眉之急。母亲含辛茹苦，年复一年地把赵仁抚养成人。赵仁长大后，家庭依旧困难，没有能力上学读书，母亲就让他去给人家做雇工。赵仁性情诚实淳厚，刻苦耐劳，工作勤奋，和别的雇工不同，主人对他十分信任。赵仁做工得到的工钱，分文不花，都拿来侍奉母亲，供母亲生活之需。他又刻了母亲的木像，供在做工的地方，早晚省视，饮茶吃饭时一定要先敬一敬。人们感到奇怪，问他这是为何。他说：『我一时一刻也不忍离开我的母亲！』主人听说感叹道：『他只是一个为人做工的人，却是如此明白孝敬亲人的道理，不是寻常人物啊！』因此更加看重他。

夏完淳狱中寄母

明末少年抗清英雄夏完淳，是松江华亭县人。他天资聪颖，五岁读经史，七岁能诗文，九岁写出《代乳集》。受父亲影响，矢志忠义，崇尚名节，十四岁从父及陈子龙参加抗清活动，十七岁壮烈牺牲。夏完淳事嫡母和生母至孝。明鲁王监国时，授夏完淳为中书舍人。事败被捕下狱，赋绝命诗，遗母与妻，临刑神色不变。著有《南冠草》《续幸存录》等。清顺治四年（1647年），夏完淳临刑前在南京狱中写给其生母及嫡母绝笔信《狱中上母书》感人肺腑。在文中，夏完淳为『不得以身报母』而深感悲痛；为家中『八口』的生计问题而深感忧虑；但他又认为：『为父为君，死亦何负于双慈』，『以身殉父』是死得其所的，表达了以身赴义、视死如归的忠孝节义的民族正气。全文一唱三叹，慷慨悲壮，感人至深。

戚继光牢记父训

明代民族英雄戚继光，出身于世代将门之家。父亲戚景通是一位久经沙场的老将。五十六岁时才生下一子，取名继光。老将军对继光十分钟爱，但教子极严。戚继光童年时期十分孝敬父亲，按父亲的教诲去做，养成俭朴的生活习惯，专心致志地从事兵书的学习。戚景通撰文，题为《忠说碑》《孝说碑》，作为传世家训。他不仅教戚继光读书习武，还教戚继光怎样做一个品德高尚的人，将来像岳飞建「岳家军」一样，创立一支「戚家军」。戚景通七十二岁时患重病去世，戚继光接到噩耗，从驻防地赶回家中奔丧。他在父亲坟上哭着说：「继光一定继承您的遗志，为国尽忠，赴汤蹈火，在所不辞！」嘉靖三十四年（1555年），朝廷任命戚继光为佥浙江都司，负责抗倭。他组织「戚家军」，在六年中九战九捷，威震中外。他曾对人说：「我之能抗倭取胜，全靠我父亲在世的谆谆教诲啊！」

徐霞客携母游历

明代旅行家徐霞客，在写下《徐霞客游记》之前，早已开启了他的游历之旅。在『学而优则仕』的年代，徐霞客无意于仕途却流连于名山大川之间，这多少需要一些勇气。而且在当时科技和交通非常落后的年代，徐霞客最终能走遍大半个中国，其困难可想而知。幸运的是，他凝集毕生心血的《徐霞客游记》，成为研究当时人文风情以及地理风貌的绝佳资料。值得一提的是，徐霞客的母亲不仅支持他旅游，甚至还陪徐霞客出游过几次。明天启四年（1624年），当时徐霞客已三十七岁，他的母亲已八十岁高龄，母亲竟陪徐霞客做了一次游历。本来徐霞客怕老母年事已高，不同意老母去游历，而老母却意志坚强，说：『向固与若言，吾尚善饭，今以身先之。』母亲坚决要去，他们母子俩游历了宜兴诸洞，一时成为佳话。

孙奇逢倚庐六载

容城三贤之一、明末清初思想家孙奇逢，出生于一个官宦家庭，父亲为官清正，为乡人所称。孙奇逢在少年时就志向非凡，十四岁入邑庠，谒杨尚宝，被问道『设在围城中，内无粮刍，外无救援，当如之何？』孙奇逢朗声答道『效死勿去』，杨尚宝料定他日后必有大成。明万历二十八年（1600年）考中举人，与定兴鹿善继相识，一见如故，论学之余，彼此『以圣贤相期勉』。二十二岁那年，孙奇逢赴京应试，途中听到父亲去世的消息，十分哀痛，随即弃考归乡。他严格按照儒家传统的古制，身着丧服，在父亲的墓旁筑室，为父亲守丧三年。谁料偏偏祸不单行，为父亲守孝的三年期过后，孙奇逢的母亲又因病去世，他主持母亲葬礼之后，心伤之余，一仍父礼，为母亲服丧三年。孙奇逢作为一代大儒，身体力行，孝友亲仁，他的『倚庐六载』，乡里提及，每每称颂不已。

顾炎武与国俱亡

明末清初思想家顾炎武，不仅道德文章高尚，且以孝行闻名天下。他的嗣母王氏出身名门，十七岁嫁到顾家，抱牌位成亲，终身守寡，后立顾炎武为嗣子，抚养成人。王氏『未嫁守节』的孝行，在明朝受到过旌表。清顺治二年（1645年），清兵下常熟，王氏绝食而死，留下遗言：『我虽妇人，身受国恩，与国俱亡，义也。汝无为异国臣子。』顾炎武恪遵母训，对清朝采取不合作态度。朝内不少大官举荐他做官，他遵从嗣母遗训『不仕二姓』。康熙十七年（1678年），清吏部侍郎、《明史》总裁叶讱庵举荐他出仕，他断然拒绝。他在《与叶讱庵书》中说：『先妣未嫁过门，养姑抱嗣，为吴中第一奇节，蒙朝廷旌表，国亡绝粒，以女子而蹈首阳之烈，临终遗命，有「无仕异代」之言，载于志状，故人人可出而炎武不可出矣。』显示出顾炎武仁孝的个性与人格精神。

顾炎武与国俱亡 刘正

郑成功孝义忠贞

民族英雄郑成功一生戎马，抗击荷兰侵略者，收复台湾，立下赫赫战功，彪炳千秋。但是郑成功一生中却有一段不可回避的特殊的忠孝壮举——那便是与父亲郑芝龙的决裂。郑芝龙是海盗出身，是个十足的投机主义者。相比父亲郑芝龙的利令智昏，执迷不悟，贪图富贵，从小接受儒家正统教育的郑成功认为忠臣不事二主，既然归顺了大明，又怎么能效忠满清？郑成功从民族大义出发，多次写信给投降清朝的父亲，劝他看清形势，回头是岸。可惜郑芝龙根本听不进去，他不仅拒绝了郑成功的劝说，还把全家人都带去北边投降了清朝。郑成功彻底与父亲决裂。郑成功在关键时刻，舍小我，弃小家，以民族大义为重，与父亲决裂，看上去有违孝道，但实际上这正是忠义大孝，在历史上传为佳话。

颜元孝亲重实行

清代思想家、颜李学派领袖人物颜元，字习斋，祖籍博野县北杨村，父名颜昶。因家境贫寒，幼时过继到蠡县刘村朱九祚家为养子，改姓朱。清康熙七年（1668年），养祖母刘氏病卒。因感祖母恩深，父亲又出走，不能归来殓葬，他哀痛至极。三日不食，朝夕祭奠，鼻血与泪俱下。居养祖母丧，恪守朱子家礼，连病带饿，几乎致死。居丧期间，有朱氏老翁告诉他身世，颜元听后大为惊异，到已改嫁的生母处询问，果得实情，萌生寻父念头。五十岁时，只身往关外，寻找父亲下落。原来，颜昶随清军出关后，到了沈阳，先后娶妻王氏及妾刘氏，刘氏生两女。颜昶也曾想返里探亲，因入关被阻未能实现，抱憾病故，葬于沈阳附近的韩英屯。颜元到关外沿途寻父，艰苦备尝。当他在沈阳张贴寻人报帖后，被同父异母妹银孩所知。兄妹相见，面对痛哭。颜元祭奠父茔后，奉先父牌位归博野。

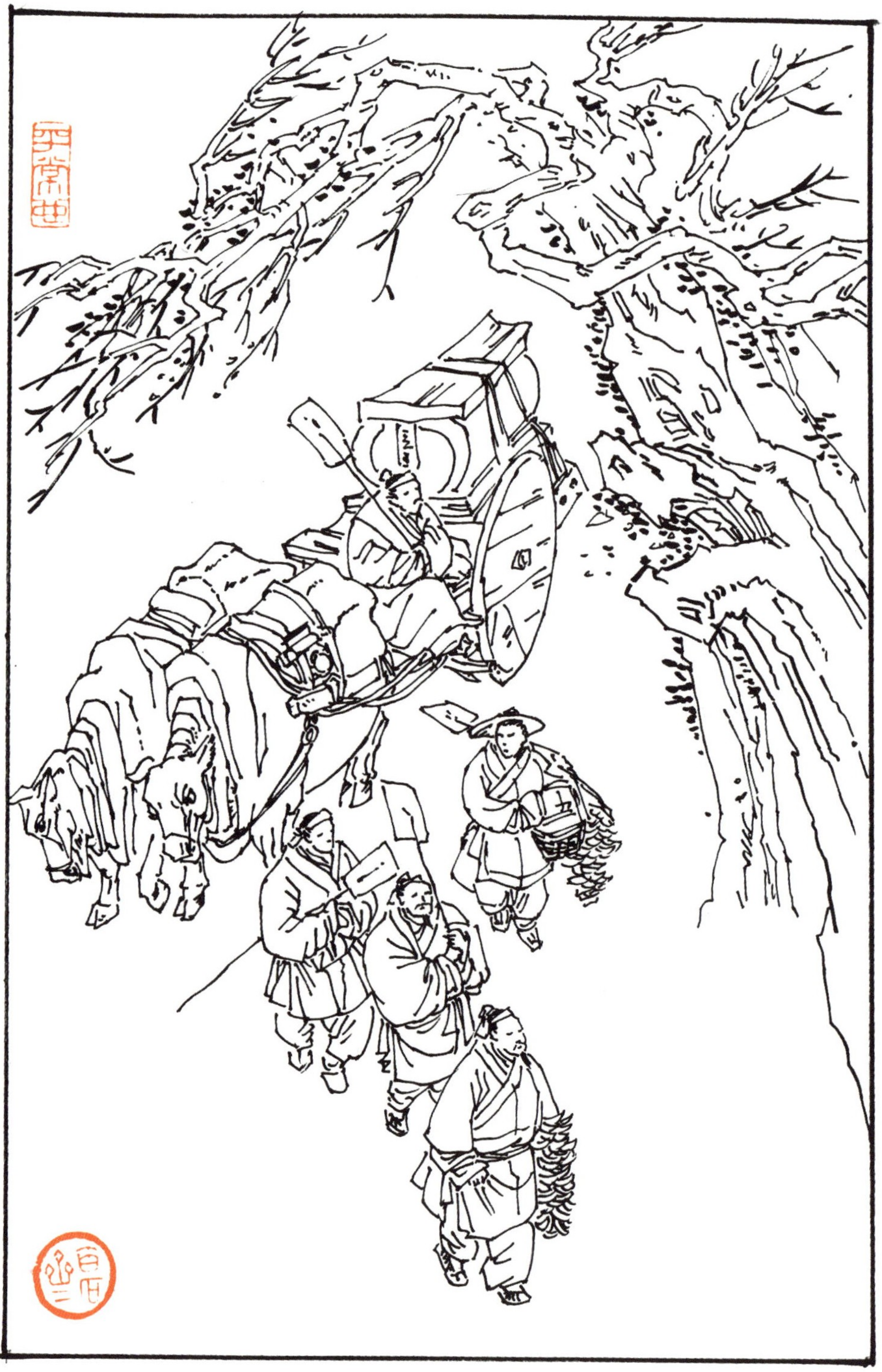

李塨从父弘北学

清代颜李学派代表人物之一的李塨，字刚主，号恕谷。直隶（今河北）蠡县曹家佐人。李塨的父亲名明性，字洞初，号晦夫，以孝闻名，世称『孝悫先生』。李塨深受父亲和祖父的影响，从四岁起，就由他父亲口授《孝经》、古诗、《内则》、《少仪》等。祖父弯制小弓，引导他习射。在父亲和祖父的教导下，李塨对孝道有着深刻的体会和理解。他在任塾师期间，修《学规》示从游者，首要的条目就是『孝父母，尊长者』，他不仅对自己的父亲和祖父至孝，而且遵从祖父和父亲的教诲，访问了颜元，拜颜元为师，『自此深以习斋学习六艺为是，遂却八比，专正学』，从此常随颜元游，是颜元学说最得力的继承者、传播者和发展者，在教育方面颇有成就，不仅是颜李学派代表人物，而且对北学的弘扬做出了重大贡献。

方观承千里寻亲

清代乾隆年间做过直隶总督的方观承，也是一位孝子。方观承的祖父、父亲都曾做过朝廷命官，因受朋友株连，流放到黑龙江充军服役，其家产也被没收充公。年幼的方观承兄弟无依无靠，只得到寺庙中暂栖其身，含泪度日，备尝艰辛。方观承想念祖父和父亲。一日，他鼓足勇气，向长老提出请求，允许他俩前往黑龙江探望长辈。长老念及二人年幼，便极力劝阻。方观承恳求说：『祖父、父亲遥在天涯，对家中亲人望眼欲穿，我们若能前往，定会增添些许慰藉。我们即使受点折磨，遭受点艰难，也在所不辞。』方家兄弟的义举，长老深受感动，送他们路费，助他们踏上寻亲路。一路上，方家兄弟风餐露宿，跋山涉水，忍饥挨饿，衣破成条，脚生老茧。几个月后，终于见到亲人。抱头痛哭之后，祖父、父亲心中为自己有这样的孝顺后代顿生快慰，一家人陶醉在天伦之乐之中。

马丕瑶百官楷模

清代同光年间名臣马丕瑶，字玉山，同治元年（1862年）进士。历任山西平陆县令、贵州按察使、广西布政使、广西巡抚、广东巡抚等职。马丕瑶一生，不论是做官还是生活，始终践行着传统文化中忠、孝的德行。他曾经撰写过一幅对联：『一等人忠臣孝子；两件事读书耕田。』简洁明了、质朴无华的语言，蕴涵着浓厚的儒家传统思想，是马丕瑶做人、处世、为官的核心理念，也寄托着他对子女、族人的殷切期望。马丕瑶侍奉父母恪守孝道。他的俸禄，除了时不时接济一些穷苦乡邻外，主要用来赡养父母。任永济县令时，他父亲突然病逝。接到消息后，他立刻报请停薪，归家丁忧，为父守孝。可这时，他连买棺材、雇车马回家的钱都拿不出来。永济人听说后，被马丕瑶廉洁奉公的事迹深深感动，纷纷解囊相助，捐凑银两，这才解了他的燃眉之急。

三兄弟舁（yú）父观戏

民国初年，涿州有沈氏三兄弟，都是农民，虽然日子过得不富裕，但对父亲却是极孝，凡能使父亲高兴的事他们都会尽心尽力去做。父亲是个戏迷，壮年时附近村庄演戏常去观看，年老后卧病在床，无法去看戏了。有一次，沈氏三兄弟得知离村十二里的卢家庙正演社戏，便商议着带父亲去看。于是，三兄弟分头找来材料，自己动手，造了一顶轿子，虽说很简陋，但是很舒服，很实用。他们不仅在轿子的旁边放了一小盒水果让父亲在路上解渴，还在顶上装了竹帘用以遮阳，轿栏两边用布绑上几个小铃铛，发出清脆的声音，很是好听。那天吃过早饭，三兄弟便轮流抬着父亲，向卢家庙走去，一路上尽管天气很热，三兄弟大汗淋漓，他们也不休息，为的是早些时候赶去看戏。一路上，三兄弟不时与父亲说着话，用竹扇扇着风，为父亲驱赶着热气。路上行人见了，纷纷让路，以示尊敬。

三兄弟舁父观戏

冯玉祥买肉敬父

爱国将领冯玉祥出身贫寒，父亲是军队里一名下级军官，母亲早逝，是父亲把他拉扯大的。因为家贫，冯玉祥只读了几个月的私塾。十多岁时，他便在父亲营里也当上了兵，混口饭吃。有一次，父亲骑马去营上办事，因结冰路滑，从马背上重重地跌下来，右腿划了一道一寸多深的伤口，感染化脓，不能走动，被兵营裁掉了。生活的重担一下子压在了冯玉祥的身上。当时兵营里有规定，每人领五十条火药，打满十响就达到标准，余下的火药可以卖钱。于是，冯玉祥每次打靶后，把积余攒下来的火药换成钱，特意买了肉炖给父亲补身子。父亲知道后，顿时心酸，泪水不住地往下流。二十年后，冯玉祥想起此事，欣然命笔，写下了一首打油诗：

肥肉二斤买回家，亲自炖熟奉吾父。
家贫得肉食非易，老父食之儿蹈舞。

冯玉祥买肉敬父

叶挺侍母尽孝心

抗日名将叶挺早年在保定军校学习军事，有一天，家里发来一封电报，说是母亲病危，要他速归。他向学校请了事假，赶回了家乡。父亲叶锡三已于三年前去世，时隔三年，母亲又卧病不起。叶挺把母亲给他的但还没有动用的两个金戒指，拿到淡水镇上换了现款，为母亲请医买药，精心治疗。他又将母亲的卧室清扫干净，点起了蜡烛，撤走了煤油灯，尽量使房内空气清新。他还亲手煮汤熬药，喂药喂饭，日夜守在母亲身边，聊尽一片孝心。但因母亲已病入膏肓，不久便溘然辞世。叶挺满怀悲痛，主持料理后事。为母亲送葬以后，叶挺启程返回保定。他回到保定军校，第六期本科已正式开学。叶挺把对母亲的孝心投入到训练中，从早到晚，从课堂到野外，连轴打转，练就了一身杀敌的本领。

叶挺侍母尽孝心

佟麟阁移孝作忠

民族英雄佟麟阁事父母极孝。父母有病，必亲奉汤药，休假必回家看望双亲。但自1937年七七事变后，他为国而忘家，虽南苑与北平城内寓所近在咫尺，从未返回。激战前，其父病重，家人多次促其归省。他挥泪写信给夫人彭静智说：『大敌当前，此移孝作忠之时，我不能亲奉汤药，请代供子职，孝敬双亲。』日寇进犯，佟麟阁率部誓死坚守阵地，战斗激烈。守军虽炮械较敌为劣，但士气却异常高昂，争夺由拂晓至午后，双方伤亡惨重。战斗中忽报大红门发现敌人。佟麟阁恐敌截断北路，乃分兵亲往阻击。因寡不敌众，部队被敌四面包围，只能利用地形，继续与敌苦战。佟麟阁在指挥右翼部队向敌突击时，被敌机枪射中腿部，部下劝他稍退裹伤，他执意不肯，益奋勇当先。日军派飞机前来助战，带伤指挥作战的佟麟阁头部又受重创，壮烈殉国，时年四十五岁。

佟麟阁移孝作忠

李叔同至孝至顺

佛学大师李叔同，与母亲的感情很好，对母亲至孝至顺。母亲离世时，李叔同正外出为母亲预置寿木，没有陪在母亲身畔，这件事，令他终生引以为憾。李叔同曾多次对友人说：『母亲不在的时候，我正在买棺木，没有亲送。我回来，已经不在了！』丧母之痛乃其人生至痛，母亲去世后，李叔同万分悲痛，改名李哀，号哀公，既哀自身孤茕，也哀万方多难。他屏谢余物，闭门守哀，感叹『幸福时期已过』了。出家后，李叔同斩断一切尘世情缘，唯独对母亲的感情难以割舍。他在《我在西湖出家的经过》一文中说，1918年正月十五他皈依佛门，『二月初那天，是我母亲的忌日，于是我先两天就到虎跑去，在那边诵了三天的《地藏经》，为我的母亲回向』。此后每逢亡母冥诞，他便书写《地藏经》，以此功德，回向亡母。

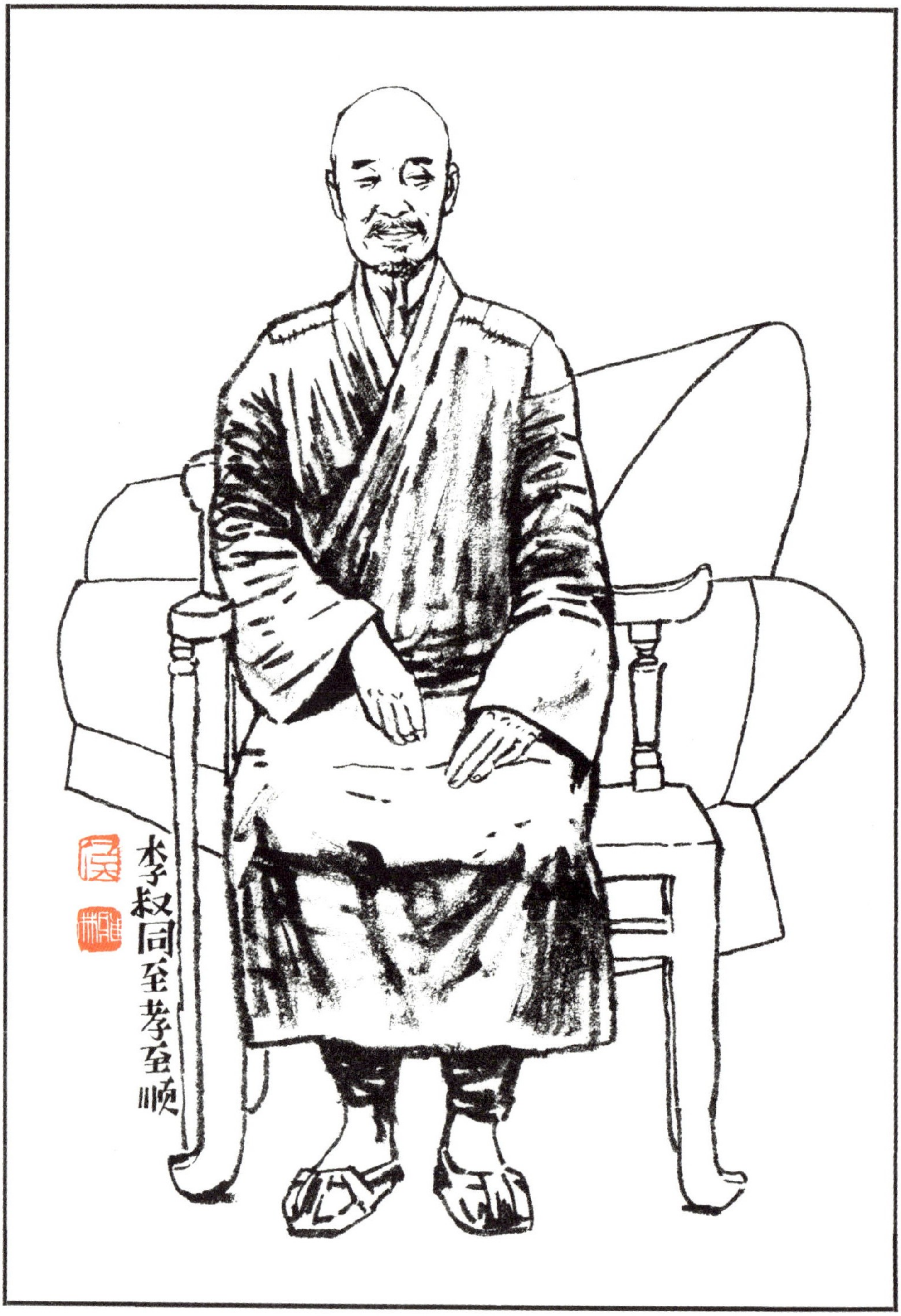
李叔同至孝至顺

冼星海思母寄曲

人民音乐家冼星海的母亲是一位善唱许多渔歌、民歌的农家歌手。丈夫去世后，她把一切希望都寄托在儿子身上，经常不断地哼唱渔歌、民歌给他听，给他讲做人的道理。可以说，冼星海的第一位音乐老师就是他的母亲。在法国求学的六年里，冼星海就是凭借着母亲的教诲和对母亲的思念活下来的。抗日战争爆发后，冼星海毅然参加了抗日救亡运动。母亲没有挽留刚刚归来的儿子，而是积极支持鼓励他。冼星海来到延安，艰苦困难的生活将他的革命意志磨炼得更加坚强。他的思想境界也达到了一个新的高度，创作出许多震惊世界的不朽乐章，在给母亲的信中他写道：『我要把最伟大的爱，贡献给国家；把最宝贵的时光和精力，投入到民族解放的斗争中去。』冼星海把对母亲的爱和对母亲的孝，升华到了一个崇高的境界。

保卫家乡！保卫黄河！保卫华北！
全中国风在吼，
保卫全中国！
保卫全中国！
冼星海思母
寄曲

马本斋以忠尽孝

马本斋是抗日英雄，他作战勇猛，身先士卒，在回民支队和广大群众中享有很高的威望。日军听说马本斋最孝敬母亲，便将马母抓捕押到河间县城，企图逼降素有孝子之名的马本斋。同时，以马母为饵，诱使马本斋率部来救，乘机消灭回民支队。马母坚贞不屈，决心一死。1941 年 10 月 4 日，绝食七日的马母壮烈殉国，时年六十八岁。马母牺牲后，马本斋及回民支队全军戴孝。他眼含泪水，强压怒火，在母亲遗像前肃立许久，然后奋笔疾书：『伟大母亲，虽死犹生；儿承母志，继续斗争！』八路军朱德总司令和彭德怀副总司令致电冀中军区，称赞：『中国人民有这样的母亲，不仅是中国人民的光荣，中国妇女的光荣，而且是中华民族不会灭亡的具体例证。』经过这一严峻的考验，马本斋对党和民族更加忠诚。他奋不顾身地战斗在抗敌斗争的最前线，被誉为『母子两代英雄』。

以忠尽孝
马本斋

小方照片寄母亲

小方，本名方大曾，又名方德曾，1912年7月出生于北京一个外交官家庭，少年时就喜欢摄影。随着九一八事变后抗日救亡运动的高涨，方大曾的摄影活动便与民族救亡运动紧密结合，成为一名战地摄影记者。1935年绥东抗战爆发后，方大曾到前线采访，他非常牵挂住在北平的母亲，他知道母亲对他这个唯一的儿子也十分惦记，他多么渴望能在母亲身边尽孝敬。但是大敌当前，国家存亡之际，方大曾义无反顾走向战场，冒着战火硝烟采访。由于时刻面临危险，为了表达对母亲的思念，他给自己拍了一张戎装照片寄给母亲，上面写着『母亲大人存念——男小方摄于1935年冬时执行摄影工作于绥东战地』。此后始终在抗日前线采访。1937年9月18日，小方从蠡县寄出《平汉线北段的变化》一文后，就失踪在抗日战场。他的母亲一直珍藏着这张照片，盼着儿子有朝一日归来。

母親大人存念
男小方攝於一九三五年冬
時執行攝影工作
於綏東戰地

毛泽东深情祭母

毛泽东不仅是中国人民敬仰的伟大领袖，也是中华孝行的楷模。他对母亲文七妹的感情非常深厚。1918年夏，毛泽东从长沙赴北京前夕，十分挂念在外婆家养病的母亲，特地请人开了一个药方寄给舅父。次年春返回长沙，便把母亲接来就医。10月5日，文七妹患瘰疬（俗称疬子颈）病逝，终年五十二岁。毛泽东日夜兼程从长沙赶回韶山守灵，并和泪写下一篇情义深长的《祭母文》。毛泽东在追念母亲时写道：『吾母高风，首推博爱。遐迩亲疏，一皆覆载；恺恻慈祥，感动庶汇。爱力所及，原本真诚。不作诳言，不存欺心……洁净之风，传遍戚里。』当时，毛泽东还给同学邹蕴真写信说：世界上有三种人，损人利己的，利己而不损人的，可以损己以利人的，自己的母亲便属于第三种人。母亲对毛泽东的影响，在他的一生的立身处世、待人接物中都可以清楚地看出来。

毛泽东的祭母文

周恩来孝感众人

敬爱的周恩来总理，为中国革命和建设鞠躬尽瘁，是全党学习的榜样，也是中华孝行的自觉践行者。周恩来的亲生父亲周贻能，字懋臣，后更名劭纲，家中自其父云门公去世后，经济上便每况愈下。此后周贻能忙于生计，周恩来则刻苦读书求学，父子俩聚少离多。有一年在东北，周恩来在父亲被辞退南去时，含泪记下了他『最是伤心』一篇日记，说：『「昨事伤心方未已，今朝又复别严亲」。此情此景，不知若何难受，又复远吾爱友，伤心之极，不复再有言矣！』1940年秋，周贻能随周恩来到重庆，为革命做了一些有益的事情。此后，他就再也没有离开过重庆红岩村。1942年7月10日周贻能去世时，周恩来小肠疝气发炎，正在中央医院治疗。董必武和红岩嘴的同志经研究后，决定暂不将噩耗告诉他。当7月13日周恩来出院回红岩二楼办公室，得知父亲去世已三日时，悲痛欲绝，恸哭不已。周恩来特别责问邓大姐说：『别人不了解我，你还不了解我？你为什么也瞒我？』邓大姐只得流着眼泪认错。一些同志闻声到二楼走廊，听到这些话，都为之感动得流泪。

周恩来孝感众人

朱德忆母感中华

1944年2月15日，朱德的母亲钟太夫人在家乡四川仪陇病逝。朱德万分悲痛，4月5日作《回忆我的母亲》一文，以无限深情赞颂了母亲的优秀品质，寄托着深深的哀思。朱德在回忆母亲多年的生活经历时说，母亲最大的特点是一生不曾脱离过劳动。母亲生我前一分钟还在灶上煮饭。虽到老年，仍然爱生产。朱德在文章中满怀深情地写道：母亲现在离开我而去了，我将永不能再见她一面了，这个哀痛是无法补救的。母亲是一个平凡的人，她只是中国千百万劳动人民中的一员，但是，正是这千百万人创造了和创造着中国的历史。我用什么方法来报答母亲的深恩呢？我将继续尽忠于我们的民族和人民，尽忠于我们的民族和人民的希望——中国共产党，使和母亲同样生活着的人能够过快乐的生活。这是我能做到的，一定能做到的。朱德的文章在《解放日报》发表后，感动、鼓舞了广大抗日军民。

朱德深情忆母亲

李先念肉汤敬母

1931年6月23日，李先念当选为湖北省鄂豫边区陂安南县苏维埃政府第一任主席。10月中旬，上级来了通知，要求县以下各级党员干部要带头参加红军，粉碎敌人的『围剿』。为此，陂安南县委、县苏维埃政府在庙咀湾召开全县『扩红』大会。李先念第一个报了名。出发的当天，新任县委书记郭述申派人买来一头肥猪和一大缸米酒，为李先念和参军的青年送行。将要开饭时，李先念被上级派来视察工作的人找去谈事，未能赶上同大家一起就餐。细心的县委书记让人给他留了一份：一碗米酒和一碗肉汤。部队就要远行了，李先念想起在家的父母。他对通信员说：『你辛苦一趟，给我父母捎个信，就说部队要远行了，我工作忙，不能向他老人家告别，让他们保重身体，不要为我担忧。我没什么送给他们的，顺便把这碗肉汤留给他们。』

李先念肉汤敬母

陈毅给娘洗尿裤

陈毅是孝子。1962年，他出国访问回来路过家乡，抽空去探望身患重病的老母亲。陈毅的母亲瘫痪在床，大小便不能自理。陈毅进家门时，母亲非常高兴，刚要向儿子打招呼，忽然想起了换下来的尿裤还在床边，就示意身边的人把它藏到床下。陈毅见到久别的母亲，心里很激动，上前握住母亲的手，关切地问这问那。过了一会儿，他对母亲说：『娘，我进来的时候，你们把什么东西藏到床底下了？』母亲看瞒不过去，只好说出实情。陈毅听了，忙说：『娘，您久病卧床，我不能在您身边伺候，心里非常难过，这裤子应当我去洗，何必藏着呢。』母亲听了很为难，旁边的人连忙把尿裤拿出，抢着去洗。陈毅急忙挡住并动情地说：『娘，我小时候，您不知为我洗过多少次尿裤，今天我就是洗上十条尿裤，也报答不了您的养育之恩！』说完，陈毅把尿裤和其他脏衣服都拿去洗得干干净净。

陈毅给娘洗尿裤

许世友五跪慈母

许世友不满十岁时父亲便去世了。一天，许世友到山上挖野菜回家晚了，看到母亲迎着寒风站在村口等他，他心酸地跪在母亲面前说：『娘，俺这辈子一定尽心奉养您！』许世友十六岁时因误伤地主的儿子被官府追捕。一年后，许世友悄悄回家，跪在母亲面前说：『娘，俺走后，让您受苦了！』许世友投身革命后，反动派几次抄他的家，母亲被迫带着两个女儿逃往外乡。一次，许世友在行军路上碰到乞讨的母亲和妹妹，跪在母亲面前说：『娘，孩儿不孝，连累您老人家无处安身。』1949年，许世友任山东军区司令员后，把母亲接来，母亲从车里走出时，许世友跪在地上，叫了一声：『娘！』母亲叫儿子别跪，许世友却说：『我当再大的官，还是您的儿。』1959年春天，许世友回乡探母，看到母亲背着柴草，即接过柴草，跪着向母亲说：『娘，您这么大年纪了还上山砍柴，儿心里实在难过啊！』

许世友五跪慈母

陶行知《慈母遗刀》

人民教育家陶行知先生，安徽歙县人，自幼家境清贫。陶母教子有方，尽全力培养陶行知成才。她原是文盲，由陶先生的次子小桃教祖母读书，不久，陶母也能识能写，略具文化，能看懂家信等。陶行知纪念馆的展品中有一幅《陶母读书图》，表现陶母支持陶行知的倡议，认真学习读书识字情景。1933年10月陶母病逝，陶行知悲痛欲绝，写了很多纪念文字，其中有一首《慈母遗刀》小诗：『这把刀，曾剃三代头。细数省下钱，换得两担油。』陶行知先生生活节俭，已成为社会名人，然而一家三代人的剪发，仍都由母亲操理，陶行知先生也事母至孝，母亲逝世，剪发刀犹在，睹物思人，悲从中来。母亲的平易，母亲的伟大，尽在此情真意切的十八个字中。

捧着一顆心來
不帶半根草去
陶行知題

『石渠奖学金』由来

唐山工程学院有一个『石渠奖学金』，是由著名桥梁专家茅以升设立的。1940年的一天，在茅以升家里，兄弟几人聚在一起，商量如何为母亲庆祝七十大寿。哥哥和弟弟都说母亲多年为家特别辛苦，为感谢她老人家的养育之恩，要给母亲一份大寿的礼物。茅以升听着哥哥和弟弟的话，他回想起上学时代、建造钱塘江大桥时期，各个艰难阶段母亲给予的鼓励，激动地说：『我们兄弟几人能够学有所成，全都要靠我们的母亲，她是我们的第一位老师，也是我们最好的老师。我们要把母亲孜孜以求、诲人不倦的精神大力弘扬下去，这才是对母亲最好的祝贺。我建议以母亲的名字设立奖学金，奖励研究土木工程力学的优秀学员。』茅以升的主张得到弟兄们的赞同，大家捐款三千法币在唐山工程学院设立了奖学金。由于茅以升母亲的名字叫韩石渠，所以奖学金的名称为『石渠奖学金』。

石渠奬學金
石渠奖学金由来

孟佩杰恪守孝道

孟佩杰是山西交口县人。五岁那年，爸爸遭遇车祸身亡，妈妈将孟佩杰送给别人领养，不久也因病去世。在新的家庭，养母刘芳英三年后瘫痪在床，养父不堪生活压力，一走了之。绝望中，刘芳英企图自杀，但她放在枕头下的四十多粒止痛片被孟佩杰发现，她恳求：『妈，你别死，妈妈不死就是我的天，有妈就有家。』从此，母女二人相依为命。孟佩杰每天早上六点起床，替养母穿衣、刷牙洗脸、换尿布、喂早饭，然后一路小跑去上学。中午回家，给养母生火做饭、敷药按摩、换洗床单等，有时来不及吃饭，拿个冷馍就赶去学校了。晚上又是一堆家务活，等服侍养母睡觉后，她才坐下来做功课。2009年，孟佩杰考上山西师范大学临汾学院后，决定带着养母去上大学，她在学校附近租了房子。多年来，孟佩杰始终坚持自己照顾养母。2011年，孟佩杰当选『感动中国十大人物』。

孟佩杰
恪守孝道

谭秀菊善孝二老

谭秀菊是河北安新县大王镇西阳村村民。二十世纪八十年代谭秀菊在侯玉琴、田喜善老夫妇开的饺子馆里当服务员。老夫妇年过六旬，却无儿无女，谭秀菊主动担负起照顾老两口的重担。1997年谭秀菊在西阳村和别人合伙经营养猪场，在繁重劳作的同时，她总是惦记着侯玉琴、田喜善这对老夫妇。考虑到老人身体每况愈下，身边又无人照料，谭秀菊就把两位老人接回了家，从此照顾老两口的起居成了谭秀菊的必修课。田喜善老人卧床不起的三年间，谭秀菊把老人当作自己的亲父亲一样『守护』。三年后，田喜善老人去世。谭秀菊按农村的习俗，用子女对待父亲的方式，完成了自己『养老送终』的心愿。二十年来，谭秀菊用自己的实际行动向全社会演绎着一场跨越血缘、跨越时间的感人爱心长跑，诠释着一份二十年的坚守，谱写着一曲感人至深的赞歌。

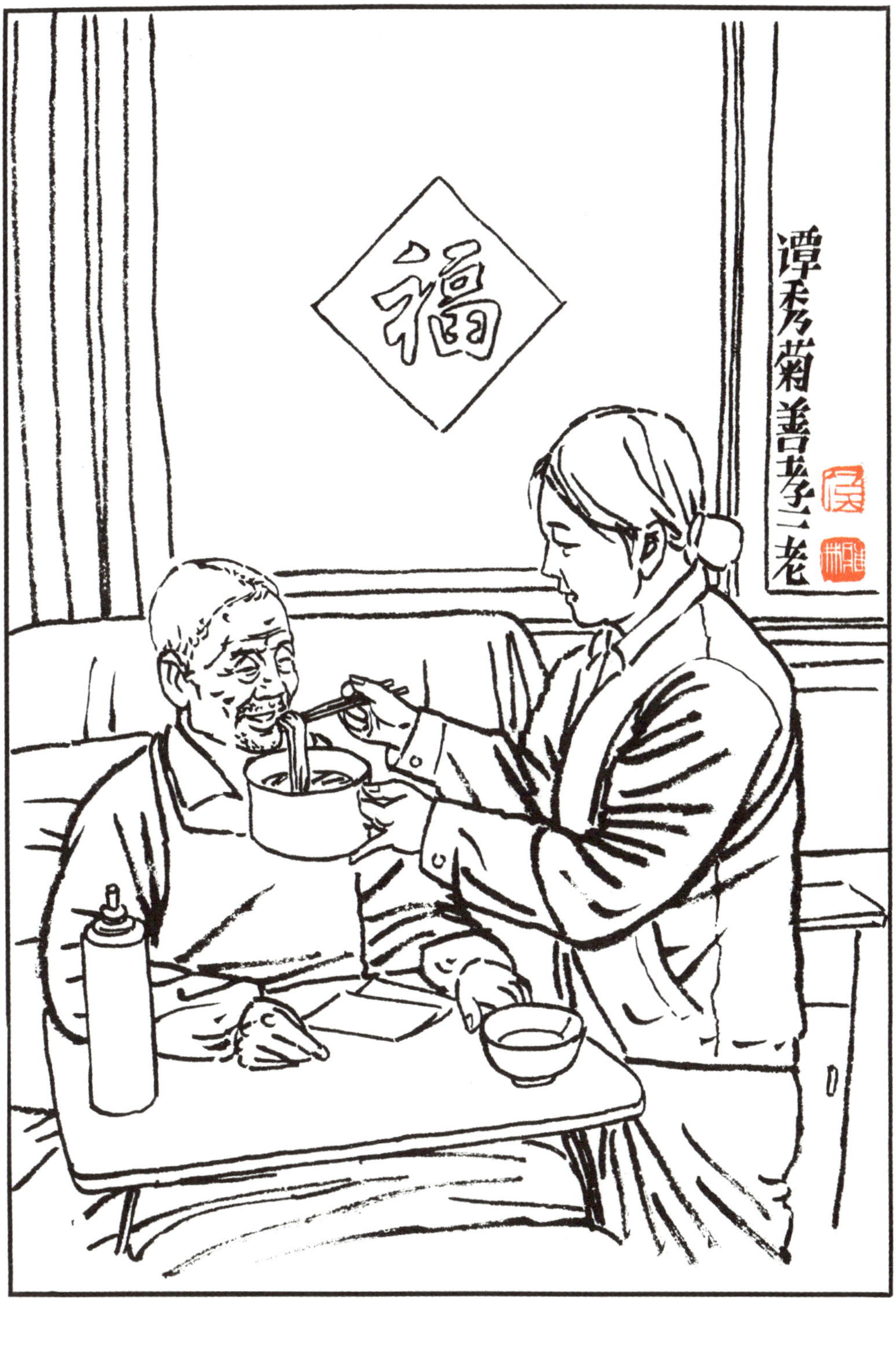
福
谭秀菊善孝二老

韩瑜捐肾救父亲

韩瑜是广西钦州市钦北区小董镇中心小学一名教师，为了挽救父亲的生命，毅然将自己的左肾捐给生命垂危的父亲韩远德，用孝心谱写了一个『古有木兰替父从军，今有孝女捐肾救父』的感人故事。1997年5月，韩远德因病情恶化，发展为尿毒症。每月治疗费用高达五千元，几年下来，一家负债近十万元。为减轻家庭的负担，学习成绩很好的韩瑜放弃上高中考大学的机会，报考了中师。她生活节俭，将每天的生活费控制在三元钱以内，攒钱给父亲治病。2003年，她的两个哥哥从报纸上得知换肾可以治愈尿毒症，悄悄去做了检查，但是都不符合捐肾要求。年仅十八岁的韩瑜也悄悄到医院做了比对检查，在确定各项指标符合要求后，毅然决定把自己的一个肾捐给父亲。2003年1月24日，韩瑜和父亲在桂林解放军181医院成功完成了换肾手术。2006年韩瑜被评为全国十大中华孝亲敬老楷模。

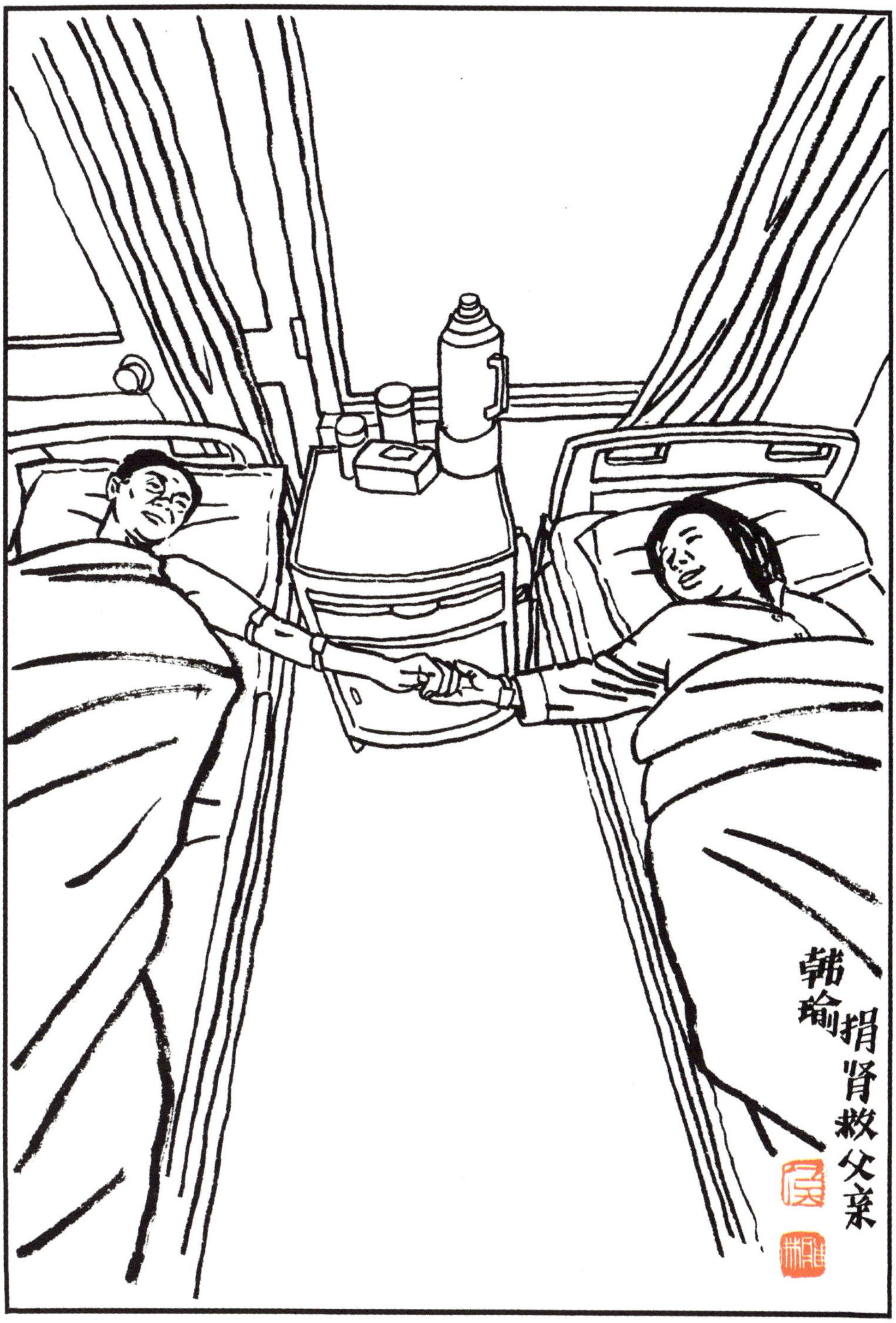
韩瑜捐肾救父亲

陈斌强背母上班

陈斌强是浙江省磐安县实验中学的一名教师，九岁时父亲因车祸去世。2007年，母亲又患上老年痴呆症，丧失了日常生活能力。为照顾母亲，他把母亲带到自己上班的学校。陈斌强有一辆电动车，可坐电动车又怕母亲摔下来。为难之际，陈斌强想起小时候，母亲背着他干活的情景，即找来母亲曾经用来背他的『大带』，先把母亲绑住，然后把母亲捆在自己身上，骑着电动车行驶三十公里去学校。到了周五，又将母亲带回家中照料。一连五年（截至2012年）风雨无阻带着妈妈上班。陈斌强还在屋里墙上贴了一张日程表，提醒自己别忘了照顾母亲：凌晨一点，叫醒母亲上一次厕所；五点半，再次上厕所；六点，陪学生早读；七点左右，给妈妈喂早饭、梳头。每个课间，陈斌强都赶回宿舍看看老人。作为『感动中国2012年度人物』之一的陈斌强说：『子欲养而亲不待，多陪伴父母才是最好的礼物。』

陈斌强背母上班

谢延信恒爱尽孝

谢延信是河南焦作某企业一名工人，原名刘延信。1973年，与同村姑娘谢兰娥喜结良缘，第二年7月，产下女儿仅四十天的谢兰娥因病去世，临终前嘱咐丈夫照顾好自己的爹妈和智障兄弟。刘延信跪在两位老人面前说：『爹、娘，兰娥不在了，俺就是你们的亲儿子，你们有病俺伺候，百年以后俺送终！』这一跪，跪出了三十三年的真情与责任，跪出了三十三年的忠贞与孝心（刘延信后改姓为谢）。1979年岳父患重度脑中风，再也没有站起来。一老、一瘫、一傻、一幼，家庭的重担全部压在谢延信肩上。岳父大便干结，他用手往外抠；岳父喜欢听武侠小说，他借书给老人读。他还帮老人按摩、翻身、擦洗、活动。岳母体弱多病，谢延信为老人买补养品。内弟先天呆傻，经常外出后不知道回家，谢延信总是满街找。2007年，谢延信获得全国五一劳动奖章，并当选『感动中国的矿工十大杰出人物』。

爱尽孝
谢延信
恒

两兄弟的『感恩』车

木板车，外表像个大花轿，内部陈设也别具匠心，白天是交通工具，晚上就是母子三人休息住宿的空间。『感恩号』两次出行，历时五百一十七天，行程三万七千华里，往返三十多个省、市、自治区和香港特别行政区。两兄弟共穿破三十多双鞋，磨穿十几条车胎，他们用艰辛和汗水一步一个脚印地走出了一条感恩之路。王凯、王锐常说：『给父母一座金山，不如说让父母在心里有一座靠山；你摆下一桌丰富的宴席，不如给父母一个笑脸；你在佛祖面前许下千般宏愿，不如满足自家老人一个心愿。』王凯、王锐荣获2011年『感动中国十大孝子』。